❋ 江汉大学"城市治理与文化传承"省级学科群资助成果

❋ 江汉大学2021年校级科研人文社科专项项目"荆楚历史建筑译介与文化研究"阶段性成果

荆楚文化译丛·建筑篇

荆楚历史建筑掠影
（法文版）

Un aperçu des bâtiments historiques de Jingchu (version française)

张　莉　陈　威　曾　莉 ◎ 编著
闫晓露　陈　媛　袁　浩 ◎ 译
陈　威 ◎ 摄影

中国·武汉

内 容 提 要

本书以湖北境内的著名历史建筑为对象，按不同历史阶段，收录各个时期比较有代表性及研究价值，且实物、资料保存较完好的建筑物实体，以照片、文字为主要表现形式，从其所处方位、历史沿革、文化背景、建筑构造、风格特色、相关历史典故等方面进行梳理、描述和介绍，力图在构思创意上做到清晰明了、富有新意，在结构编排上做到科学、有序，在照片上做到构图合理、表达准确、艺术性强，在文字撰写上做到简明扼要、可读性强。本书为法文版。

图书在版编目（CIP）数据

荆楚历史建筑掠影：法文 / 张莉，陈威，曾莉编著；闫晓露，陈媛，袁浩译. — 武汉：华中科技大学出版社，2025.1
（荆楚文化译丛. 建筑篇）
ISBN 978-7-5772-0244-0

Ⅰ.①荆… Ⅱ.①张… ②陈… ③曾… ④闫… ⑤陈… ⑥袁… Ⅲ.①古建筑—建筑艺术—湖北—摄影集—法文 Ⅳ.①TU-092.2

中国国家版本馆CIP数据核字(2023)第235889号

荆楚历史建筑掠影（法文版）	张 莉 陈 威 曾 莉 编著
Jingchu Lishi Jianzhu Lüeying (Fawen Ban)	闫晓露 陈 媛 袁 浩 译
	陈 威 摄影

策划编辑：刘　平
责任编辑：刘　平
封面设计：孙雅丽
责任校对：张汇娟
责任监印：周治超

出版发行：华中科技大学出版社（中国·武汉）	电话：（027）81321913
武汉市东湖新技术开发区华工科技园	邮编：430223

录　　排：孙雅丽
印　　刷：武汉科源印刷设计有限公司
开　　本：710mm×1000mm　1/16
印　　张：14.25　　插页：2
字　　数：328千字
版　　次：2025年1月第1版第1次印刷
定　　价：78.00元

本书若有印装质量问题，请向出版社营销中心调换
全国免费服务热线：400-6679-118　　竭诚为您服务
版权所有　侵权必究

Préface

La culture Jingchu, également connue sous le nom de culture Jing ou de culture Chu, remonte aux dynasties des Shang et des Zhou et désigne la culture créée par les peuples du Sud au milieu du fleuve Yangtsé. L'histoire des deux mots « Jing » et « Chu » remonte à plus de trois mille ans. Ils désignent à l'origine des arbres et ont ensuite été utilisés pour désigner des lieux et des pays.

Le mot « Jing » est interprété dans le classique *Shuowen jiezi* comme des arbres. Le classique *Bencao* indique que le pays Chu a été nommé « Jingchu » en raison de l'abondance d'arbres Jing. Selon le dictionnaire *Kangxi*, « Jing » est également le nom d'une région. Par exemple, dans le classique *Shangshu*, « Jing » fait référence à la ville de Jingzhou, située au pied du « mont Jing au nord, et du mont Hengyang au sud ». Le mot « Jing » signifie également la montagne Jing mentionné dans le classique *Houhanshu*.

Dans les classiques pré-Qin, les mots « Jing » et « Chu » sont synonymes. Les manuscrits en bambou *Chuju*, datant de la période des Royaumes Combattants, indique que vers la fin de la dynastie des Xia, le clan Qilian, les ancêtres du peuple Chu, s'est déplacé vers le sud jusqu'à la montagne Jing. Lorsqu'une femme de ce clan est morte de dystocie, le sorcier a utilisé l'herbe Chu, autrement dit l'herbe Jing, abondante dans les montagnes locales, pour remplir son corps avant l'enterrement. En l'honneur de cette mère, « Chu » est devenu le nom du clan. Comme l'indique le classique *Chunqiu Zhuozhuan Zhengyi*, le pays Chu s'appelait à l'origine Jing, puis changé en Chu. À l'époque du souverain Zhuang Gong, le pays s'appelait Jing. En première année de Xizhi, le peuple Chu a attaqué le pays Zheng et a commencé à changer le nom du pays en Chu.

La culture Jingchu d'aujourd'hui désigne la culture originale qui a été transmise dans la région Jingchu. La culture Jingchu est née dans la mise en œuvre de la culture agricole par l'empereur Yandi ; elle s'est épanouie pendant la période des Printemps et Automnes et la période des Royaumes combattants en créant une glorieuse civilisation de plus de 800 ans ; elle a continué à prospérer à travers les changements politiques, économiques, militaires et diplomatiques pendant les dynasties des Qin et des Han.

En termes d'accomplissement spirituel, la culture Jingchu est incarnée par le classique Chu Ci, qui repose sur les traditions et les rituels régionaux, riches et romantiques. Elle est née de la théorie taoïste selon laquelle la nature est le socle; de la pensée pré-Qin des maîtres Lao Zi et Zhuang Zi prônant la philosophie et le discernement, de l'école d'esprit de Jingzhou sous la dynastie des Han, du bouddhisme et d'autres écoles récentes des dynasties du Sud et du Nord jusqu'aux dynasties des Sui et des Tang. Tous ces éléments forment la connotation spirituelle de la culture Jingchu : la recherche de la nature, l'égalité et la tolérance, l'importance de la droiture et la capacité à bien réfléchir.

La culture Jingchu se reflète également dans les bâtiments historiques. En tant que porteurs culturels, les bâtiments historiques témoignent des changements historiques dans la région Jingchu. Dans les murs et les tours, les ponts et les temples, les palais et les pavillons, nous découvrons le mélange de la culture légendaire Shennong, de la coutume de la minorité Tujia, des traditions romantiques et mystérieuses des Trois Gorges, des légendes héroïques pendant la période des Trois Royaumes, du bouddhisme et du taoïsme.

Au milieu des bâtiments modernes tels que les musées commémoratifs, les églises, les entreprises étrangères, les hôpitaux et les écoles de style occidental, nous nous sommes trouvés face à de véritables scènes du passé. En suivant les pas des révolutionnaires, nous avons ressenti l'esprit révolutionnaire qui a renversé le règne de la dynastie des Qing. Nous avons ressenti la propagation de la culture occidentale après l'ouverture de Hankou, et la culture locale Jingchu s'est continuellement enrichie dans son mélange avec la culture occidentale.

À l'ère du développement rapide de l'époque où les idées anciennes et nouvelles se heurtent et changent, pour comprendre les attributs de la culture dans laquelle nous vivons et juger de sa tendance de développement, nous devons d'abord nous appuyer sur la perspicacité et la compréhension de l'origine de la culture et sa trajectoire de développement. L'étude des bâtiments historiques et l'exploration des styles architecturaux et des structures nous aideront à comprendre et à percevoir véritablement la culture Jingchu. Il s'agit non seulement d'une nécessité pour le patrimoine culturel et la diffusion de la culture, mais aussi d'une nécessité pour le développement culturel.

Dans ce livre, nous présenterons des bâtiments historiques représentatifs dans la région Jingchu, tels que les anciens monuments construits pendant la période des Trois Royaumes (les anciens remparts de Jingzhou et Xiangyang Gulongzhong), les temples et les pagodes bouddhistes et taoïstes construits depuis les dynasties des Sui et des Tang (le temple Baotong, le temple Guiyuan et les anciens complexes architecturaux de la montagne Wudang, etc.), l'Académie Wenjin qui a d'abord été construite sous la dynastie des Han, puis réparée et reconstruite au fil des dynasties passées, les bâtiments de style européen construits sous les dynasties des Ming et des Qing (les bâtiments dans la concession Hankou et les bâtiments historiques dans le quartier Tanhualin), et les bâtiments qui combinent l'architecture chinoise et l'architecture occidentale (les premiers bâtiments de l'université de Wuhan). Plein d'images et de textes, ce livre présente en détail la situation géographique, le contexte historique et culturel, le style architectural et les caractéristiques de chaque bâtiment, ainsi que les légendes et les anecdotes sur chaque bâtiment historique. Nous espérons que ce livre servira de catalyseur pour l'échange international de la culture architecturale Jingchu.

Au cours de la rédaction de ce livre, nous avons passé en revue et consulté de nombreuses publications connexes, et nous tenons à exprimer notre sincère gratitude à l'égard des chercheurs expérimentés pour leurs contributions !

Sommaire

Partie I

Tour de la Grue Jaune et Pagode Shengxiang	3
Académie Wenjin des études classiques	8
Temple Baotong et Pagode Hongshan	13
Complexe des constructions anciennes de la montagne Mulan	18
Porte Qiyi	23
Pavillon Qingchuan et Résidence impériale secondaire Yuji	27
Temple taoïste Changchun	32
Pont sud	36
Temple Lianxi	38
Temple Guiyuan	42
Terrasse Guqin	47
Bâtiments historiques de l'avenue Yanjiang	50
Quartier historique de la rue Tanhuanlin	67
Église catholique Saint-Joseph et le Collège de filles Saint-Joseph	81
Temple Gude	85
Église orthodoxe de Hankou	88
Bâtiments historiques de l'avenue Zhongshan	90
Musée commémoratif du soulèvement de Wuchang de la Révolution de 1911	101
Bâtiments historiques de la rue piétonne Jianghan	104
Premières architectures de l'Université de Wuhan	111

Église chrétienne de la rédemption	119
Église chrétienne de la Gloire et lycée Boxue	121

Partie II

Remparts de l'Ancienne ville de Jingzhou	127
Remparts de l'Ancienne ville de Xiangyang	131
Xiangyang Gulongzhong	134
Pagode Duobao à Xiangyang	140
Temple Yuquan et Tour de fer à Dangyang	143
Temple bouddhiste Cheng'en à Gucheng	148
Temple Sizu à Huangmei	152
Temple Xuanmiao à Jingzhou	158
Bâtiments taoïstes dans le Mont Wudang	162
Temple Wuzu à Huangmei	177
Temple Kaiyuan à Jingzhou	185
Tour du Cyprès à Macheng	187
Bâtiments antiques des Monts du Phénix à Zigui	190
Temple Huangling à Yichang	196
Pagode Wenfeng à Zhongxiang	199
Falaises rouges de Su Dongpo à Huangzhou	201
Pavillon Guanyin à Ezhou	207
Temple Taihui à Jingzhou	211
Pagode Wanshou à Jingzhou	215
Bâtiments anciens Dashuijing à Lichuan	218

Partie I

Tour de la Grue Jaune et Pagode Shengxiang

 La Colline du Serpent sur la rive sud du Fleuve Yangtsé, district de Wuchang, ville de Wuhan

La Tour de la Grue Jaune est perchée sur le sommet de la Colline du Serpent, sur la rive sud du Fleuve Yangtsé, surplombant la montagne et baigné par le fleuve, le vent souffle de tous les côtés au cours de la montée de la tour, une belle vue de milliers de milles émerge en s'appuyant sur la balustrade. Elle est considérée comme « le premier monument de tous les paysages de la Chine ». On appelle le Pavillon Tengwang du Jiangxi, la Tour Yueyang du Hunan et la Tour de la Grue Jaune « les Trois Tours au sud du Fleuve Yangtsé ».

La Tour de la Grue Jaune fut construite en 2e année du règne de Huangwu sous la dynastie des Wu de l'Est (en 223 après J.-C.) pendant la période des Trois Royaumes. C'était un guérite militaire construit sur la colline par Sun Quan. Sous la dynastie des Tang, la Tour de la Grue Jaune devint progressivement un beau site et un bâtiment de renommée culturelle poussant les lettrés et les écrivains à faire de la poésie. L'ancienne Tour de la Grue Jaune était en bois. Au cours des longues vicissitudes historiques, elle fut détruite et construite à plusieurs reprises. Elle fut reconstruite 4 fois sous la dynastie des Ming et 6 fois sous la dynastie des Qing. Enfin, elle fut détruite par un incendie en 10e année du règne de Guangxu sous la dynastie des Qing (en 1884). Les Tours de la Grue Jaune de différentes dynasties ont des dispositions et des styles différents. Les images de l'ancienne Tour de la Grue Jaune peuvent être reflétées dans celles des peintures de la dynastie des Song, dans les fresques du palais Yongle sous la dynastie des Yuan, dans la peinture du peintre An zhengwen sous la dynastie des Ming et sur les photos de la Tour de la Grue Jaune reconstruite en 7e année du règne Tongzhi (en 1868) sous la dynastie des Qing. Selon ces données historiques, le style architectural commun de l'ancienne Tour de la Grue Jaune contient ses tuiles jaunes et ses colonnes rouges, sous une forme splendide, grandiose, solennelle, élevée, imposante avec des corniches superposées, se relevant du sol, elle comme une grue jaune qui déploie ses ailes pour voler. La différence est que les bâtiments de la dynastie des Tang sont majestueux, ceux de la dynastie des Song et Yuan sont exquis, ceux de la dynastie des Ming sont gracieux et ceux de la dynastie des Qing sont particuliers. Lors de la construction du pont de Wuhan sur le fleuve Yangtsé en 1957, l'ancien site de la Tour de la Grue Jaune a été occupé. L'actuelle Tour de la Grue Jaune est un bâtiment d'imitation reconstruite en 1981 sur la Colline du Serpent à 1 km environ de l'ancien site. Le bâtiment principal s'inspire de la Tour de la Grue Jaune du règne de Tongzhi sous la dynastie des Qing et se présente en béton armé semblable au bois. La tour en cinq étages mesure 51,4 mètres de haut, de forme carrée, 35 mètres de chaque côté, représente une forme unique vue de quatre côtés. La Tour de la Grue Jaune reconstruite s'inspire des avantages des tours de la Grue Jaune de chaque dynastie et réunit le grandiose du nord et la délicatesse du sud. 72 grands piliers s'élèvent du sol et la surface des carreaux émaillés dorés est simple et magnifique. Chacune des corniches de cinq étages a 12 avant-toits relevés et des carillons éoliens sont suspendus en dessous. Le sommet du bâtiment est un toit pointu et le sommet du trésor en forme de gourde rouge brille la nuit. Les peintures et les œuvres de calligraphie d'artistes célèbres anciens et modernes sont exposées à chaque étage du bâtiment, qui est plein de sentiment poétique et de conception picturale. À l'extérieur du bâtiment principal, il y a la tour sud, la sculpture en bronze de la grue jaune, la Pagode Shengxiang, le couloir en arc, l'allée du pavillon et l'arbre centenaire. La simplicité et l'élégance générale ont joué un bon rôle dans la mise en valeur du bâtiment principal.

  Il existe une légende magique sur le nom de la Tour de la Grue Jaune. Il était une fois, un homme du nom de Xin He tenait une taverne à Huanghuji sur la Colline du Serpent, il était loyal, gentil et charitable. Un jour, un taoïste âgé en haillons vint mendier à boire. Voyant qu'il était pitoyable, il lui donna de l'alcool généreusement. Le jour suivant, ce taoïste revint, et il le servait toujours avec de l'alcool et des plats. Alors, ce vieux but dans sa taverne pendant un an sans payer un sou. Sur le point de se séparer, le taoïste dessina une grue jaune sur le mur avec une écorce d'orange et dit à Xin He que tant qu'il applaudirait et ferait signe, la grue jaune descendrait et danserait pour des convives. Le jour suivant, les paroles du taoïste se réalisèrent, Xin He frappa ses mains, et la grue jaune sauta du mur et dansa, après la danse, elle retourna au mur. La nouvelle se répandit, les gens se précipitèrent pour boire et la taverne devinrent très fréquentée. Dix ans plus tard, le taoïste réapparut dans la taverne et dit à Xin He qu'il eut remboursé sa dette des boissons. Il sortit la flûte de fer sur lui et joua une chanson à la grue jaune, et la grue jaune dansa après avoir entendu le son. À la fin de la chanson, le taoïste monta sur la grue jaune et elle l'emmena avec légèreté. Pour remercier le taoïste et la Grue Jaune, Xin He dépensa tout l'argent qu'il eut gagné au cours des dix dernières années pour construire un pavillon à côté de la taverne, il l'appela la Tour de la Grue Jaune. Les gens parlent avec intérêt de cette histoire qui est devenue la légende la plus influente de la Tour de la Grue Jaune nommée d'après l'immortel. En fait, la Tour de la Grue Jaune vient du nom d'un lieu. La Tour de la Grue Jaune a été construite à l'origine sur le rocher Huanghu (Huanghuji). Hu et grue ont des significations similaires, ce sont des oiseaux porteurs de bonheurs et de chances. Plus tard, les gens ont considéré à tort « Hu » comme « grue », d'où vient le nom de la Tour de la Grue Jaune.

Le plus ancien et le mieux conservé de l'ancien site de la Tour de la Grue Jaune est la pagode Shengxiang, située à 159 mètres environ en face de l'actuelle Tour de la Grue Jaune. La Pagode Shengxiang est aussi appelée Pagode Baoxiang et Pagode Wannian, et en raison de sa couleur blanche, elle est également appelée la pagode blanche. Elle est désignée pour conserver des sariras et des reliques bouddhistes. Elle fut fondée en 3e année du règne de Zhizheng (en 1343) sous la dynastie des Yuan par le roi wei Shun, le prince Kuanche Puhua. Sous les dynasties des Ming et des Qing, la Pagode Shengxiang qui était à côté de la Tour de la Grue Jaune sur le rocher

1-1 La Tour de la Grue Jaune (façade)

1-2 La Tour de la Grue Jaune (derrière)

1-3　La mosaïque de carreaux céramiques sur la légende de la Tour de la Grue Jaune (la grande salle au rez-de-chaussée)

Huanghu. Le Pont de Wuhan sur le Fleuve Yangtsé a été construit en 1955 et il a été déplacé à l'ouest de la Colline du Serpent, puis déplacé au site touristique de la Tour de la Grue Jaune en 1984.

La Pagode Shengxiang mesure 9,36 mètres de haut et 5,48 mètres de large, est construite avec des pierres à l'extérieur et des briques à l'intérieur. La base de la tour est une base de bâtiment de style bouddhiste (xumi), avec des motifs tels que les dieux de climat (yunshen), les bêtes aquatiques, le lotus, le vajra et le sanscrit à la surface. De bas en haut, le corps de la tour se rétracte à l'intérieur et s'étend à l'extérieur, et les treize anneaux en métal (xianglun) rétrécissent couche par couche. La dimension devient de plus en plus petite. Le contour général est triangulaire, digne et stable. La pagode entière est divisée en cinq parties, la base Xumi, corps de pagode, anneaux en métal, couverture en parapluie et toit de trésor. Les formes de ces cinq parties sont carrées, cercle, triangle, demi-lune et orbe, qui symbolisent les cinq cercles : de la terre, de l'eau, du feu, du vent et du vide, donc on l'appelle aussi la pagode de cinq cercles. De plus, la Pagode Shengxiang ressemble à une lanterne et il y a une légende selon laquelle Zhuge Liang y alluma des lanternes Kongming pour piloter l'armée navale, les gens l'appellent aussi la lanterne Kongming.

1-4   La Pagode Shengxiang

Académie Wenjin des études classiques

 Le pied sud de la Colline Confucius, district de Xinzhou, ville de Wuhan

L'Académie Wenjin est située au pied sud de la Colline Confucius dans le district de Xinzhou à Wuhan, et tire son nom de l'allusion *de* « Zilu Wenjin » (Zilu demande le gué) dans *les Entretiens de Confucius.* Selon *les archives de l'Académie Wenjin*, l'Académie doit son origine à un temple confucéen, qui a été construit par Liu An, roi de Huainan (région située au sud de la rivière Huaihe) sous la dynastie des Han occidentaux pour commémorer que Confucius a envoyé Zilu demander le gué à Chang Ju et Jie Ni. De la dynastie des Han à la fin de la dynastie des Song

du Sud, le temple confucéen a été réparé et agrandit à plusieurs reprises par le gouvernement. En 2e année du règne de Xiankang de l'empereur Cheng sous la dynastie des Jin de l'Est (en 336), le gouverneur préfectoral Yuzhou, Mao Bao, en 2e année du règne de Huikang de l'empereur Wu sous la dynastie des Tang (en 842), le gouverneur préfectoral Huangzhou, Du Mu, le préfet de Huangzhou de la dynastie des Song du Sud, Meng Gong etc., tous l'agrandirent après avoir rendu hommage au Temple confucéen. À la fin de la dynastie des Song du Sud, le confucianiste célèbre Long Renfu du Jiangxi suivit l'exemple de Chang Ju et Jie Ni, se retira à la Colline Confucius, construisit une école, créa des académies pour donner des conférences, on le nomma « l'Académie Long Renfu », marqua l'initiative de l'académie donnant des conférences. À la fin de la dynastie des Yuan et au début de la dynastie des Ming, l'académie a été détruite par la guerre et restaurée à plusieurs reprises grâce aux efforts de fonctionnaires locaux, de gentilshommes campagnards et de confucianistes célèbres. Dans les deux grandes reconstructions sous la dynastie des Ming, le temple confucéen fusionna avec l'académie, et le gouverneur de Huguang,

2-1　La porte de cérémonie de l'Académie Wenjin

Xiong Shangwen, nomma la nouvelle académie « l'Académie Wenjin » avec l'implication de *Zilu Wenjin* en inscrivant sur le bian'e. Lors de l'ère Wanli sous la dynastie des Ming, les activités de conférences de l'Académie Wenjin atteignirent leur apogée, et de nombreux lettrés de grand savoir confucéens y donnèrent de l'instruction, des lettrés de toutes parts se réunirent pour poser des questions, des confucéens se divisèrent en différentes sectes, toutes les écoles se sont fleuries. Dans les dernières années de Chongzhen sous la dynastie des Ming, l'académie a été détruite par le fléau de la guerre. Elle a été réparée plusieurs fois plus tard. Sous la dynastie des Qing, l'académie devint progressivement un lieu d'examens officiels pour le recrutement des fonctionnaires, qui a été protégée et restaurée par le gouvernement, et reçut les bian'e du « Wan Shi Shi Biao » (un bon exemple pour toujours) de l'empereur Kangxi et du « Sheng Ji Dacheng » (rassembler tous les points forts) de l'empereur Jiaqing. Lors du règne de Tongzhi et Guangxu sous la dynastie des Qing, l'académie a été reconstruite et agrandie à plusieurs reprises. Pendant La 2e année de la République de Chine (en 1913), elle connut la dernière restauration à grande échelle de l'histoire.

L'Académie Wenjin au milieu de la dynastie des Qing occupait une superficie de plus de dix mu, entourée de collines et de rivières, fait face au sud, avec une

2-2 La salle de conférence de l'Académie Wenjin

disposition symétrique d'axe central. Sur l'axe central se trouve le bâtiment principal, qui est divisé en bâtiments supérieur, moyen et inférieur, de l'avant vers l'arrière, il y a la porte Yi (porte de cérémonial), la salle de conférence et la salle principale. Il y a deux wus (chambres sur les côtés ou face à la pièce principale) à gauche et à droite, et il y a des pavillons, cabinets, tours et bâtiments de deux étages. À la fin de la dynastie des Qing, la plupart des bâtiments s'effondrèrent, seuls subsistent la Salle Dacheng, la salle de conférence, le patio, la galerie de stèles, les salles latérales gauche et droite et le Pont Kongtan. La salle Dacheng mesure 24,5 mètres de large, 12,2 mètres de profondeur, avec un toit à pigeon affleurant en tuiles grises à un seul avant-toit, en charpente chuandou, un petit toit est à l'avant-toit. Les huit stèles reconstruites du temple confucéen sont encastrée sur le mur intérieur de la Salle Dacheng et il y a des pierres gravées « Zuoshi » et une stèle « le lieu où Confucius envoie Zilu demander le gué » autour d'elle. La salle de conférence est un bâtiment de deux étages avec un toit à pigeon affleurant, elle mesure 14,5 mètres de large et 14,2 mètres de profondeur, de style occidental et reconstruit pendant la période de la République de Chine. Les salles latérales gauches et droites mesurent toutes 32 mètres de large et 7,2 mètres de profondeur, avec un toit à pigeon affleurant en tuiles grises à un seul avant-toit, en charpente de poteaux et linteaux. Le Pont Kongtan est situé sur le côté sud de la salle Dacheng. Il a été construit en 32e année du règne de Wanli sous la dynastie des Ming (en 1604) et reconstruit en 1ère année du règne de Xianfeng sous la dynastie des Qing (en 1851). Le pont mesure 23 mètres de long et 2,3 mètres de large, traverse la Rivière Confucius du nord-est au sud-ouest.

Dans *Les Entretiens de Confucius*, il y a une histoire sur « Zilu Wenjin ». On raconte que lorsque Confucius conduisit ses disciples à voyager à travers les royaumes, lorsqu'ils voyageaient au royaume Chu, ils furent bloqués par une grande rivière au bord de laquelle deux vieillards travaillaient aux champs, Confucius demanda à Zilu de les interroger sur le ferry. Ces deux-là étaient en effet des hommes de grande vertu reclus, Chang Ju et Jie Ni. Ils se moquaient de Confucius, qui avait *la science infuse*, ils ne savaient pas réellement par où aller. Au lieu de dire à Zilu par où aller, ils persuadaient Zilu que Le monde était comme des fleuves déferlants, que personne ne pouvait le changer, il vaut mieux garder sa pureté sans se mêler dans les affaires louches et être un ermite que de faire de son mieux

2-3　L'Académie Wenjin (vue de dessus)

pour persuader le dominateur. Après que Confucius eut entendu cela, il soupira que chacun avait ses propres ambitions. Il dit qu'il ne vivrait pas en ermite, et c'était justement à cause des bouleversements dans le monde qu'on avait besoin de quelqu'un pour changer la situation présente. Dans cette histoire, il y a un contraste entre le confucianisme qui est entré dans le monde et le taoïsme qui se détache du monde. En 164 avant J.-C., l'empereur Wen a conféré le roi de Huainan à Liu an, désigna Lu'an comme le chef-lieu du Huainan, le district Zhu (maintenant district de Xinzhou à la ville de Wuhan) était son territoire dépendant. Lorsque les gens du pays labouraient la terre près de la Colline Confucius, ils déterrèrent une tablette de pierre avec les caractères « le lieu où Confucius envoya Zilu à demander le gué ». La police d'écriture de la tablette était Qinli[1]. Liu An ordonna alors aux gens de construire un pavillon, d'ériger un monument, de bâtir un temple pour enregistrer cet événement et d'appeler des érudits pour donner des conférences sur place. Selon « les archives de l'Académie Wenjin », c'est l'origine de l'Académie Wenjin.

---

[1]　Un type d'écriture sous la dynastie des Qin.

Temple Baotong et Pagode Hongshan

 Le pied sud de la Colline Hongshan, district de Wuchang, ville de Wuhan

Le Temple Baotong est situé au pied sud de la Colline Hongshan à Wuchang. La Colline Hongshan est surnommée Xiangshan (Montagne de l'éléphant) ou Dongshan (montagne de l'orient), de sorte que le Temple Baotong s'appelait à l'origine le Temple Dongshan. Construit sous la dynastie du Sud (420-479), le Temple Baotong fut le plus ancien temple existant à Wuhan.

Sous le règne de Tang Taizong (ère Zhenguan, entre 627-649), le temple a été agrandi sur l'ordre du duc Weichi Jingde et a été rebaptisé le Temple Mituo (Temple Maitreya). Pendant l'ère Duanping (1234-1236) sous la dynastie des Song du Sud (960-1279), le mouvement vers le sud de l'armée du royaume jin bouleversait la cité Suizhou. L'empereur Lizong, Zhao Yun'en, approuva le transfert du Temple Ciji à la montagne Dahongshan de Suizhou au Temple Mituo en honorant le nom du Temple zen « Chongning Wanshou ». La Colline Xiangshan fut renommée en Colline Hongshan. Sous la dynastie des Yuan (1271-1368), Le temple prit l'initiative d'un nouveau système architectural en créant un complexe centré sur la salle Mahavira. Le complexe comprend les salles suivantes : salle Mahavira, salle des quatre rois célestes, salle du patriarche, deux couloirs, porte principale de trois libérations, pagode du temple, pavillon de dix mille bouddhas, salle Dharma, pavillon de stockage des sutras, terrasse du sermon, tours du tambour et de la cloche, chambre du supérieur du temple, chambres des moines, chambres à donner, réfectoire, salle Yunshui, entrepôts, etc. Sous la dynastie des Ming, le bouddhisme de la Terre Pure, qui se concentrait sur la praticabilité et la vulgarisation, se développa rapidement et fusionna avec le bouddhisme zen pour former un modèle de « double culture pure et zen ». Zhu Yuanzhang, empereur fondateur de la dynastie des Ming, invita le Maître Longmen à desservir le temple, et fit rénover la salle Mahavira, la salle des quatre rois célestes, la salle Vajra, le bâtiment zen, la salle de conférence et la salle d'ordination. En 21ᵉ année de l'ère Chenghua sous la dynastie des Ming (en 1485), l'empereur Xianzong donna au temple le nom Baotong, qui est encore utilisé aujourd'hui. Bien que le Temple Baotong ait été endommagé à plusieurs reprises pendant les guerres, en tant que temple royal, il a été toujours entretenu par le palais royal. Pendant l'ère Xianfeng de la fin de la dynastie des Qing, le Temple Baotong a été presque complètement détruit par le soulèvement du royaume céleste de la grande paix (Taiping Tianguo). La plupart des salles existantes sont des vestiges de la fin de la dynastie des Qing ou les bâtiments restaurés et reconstruits dans les années 1980 selon le style des ères Tongzhi et Guangxu.

Orienté au sud, le complexe du Temple Baotong s'élève le long de la Colline Hongshan. De bas en haut, les bâtiments sur l'axe central sont la porte principale, l'étang de libération, le pont du Saint-Moine, les tours de la cloche et du tambour, la salle des quatre rois célestes, la salle Mahavira, la salle du patriarche, le pavillon de stockage des sutras, le bâtiment zen, etc. Il y a de nombreux vestiges culturels dans le temple, y compris le Bouddha de fer de la dynastie des Tang, l'ancienne cloche de fer de la dynastie des Song et le lion de pierre de la dynastie des Ming. Le

3-1　Le portail du Temple Baotong

3-2　L'étang de libération et le pont du Saint-Moine

palais Dharma derrière la cour principale est le seul bâtiment tantrique bouddhiste à Wuhan. Il y a aussi une majestueuse pagode Hongshan qui se trouve sur la colline.

La Pagode Hongshan, anciennement appelée la Pagode Lingji, fut construite sous la dynastie des Yuan pour commémorer le maître Lingji Ciren, la construction de la pagode dura 12 ans (1280-1291). La pagode est en forme d'octogone. Divisée en sept étapes, elle se rétrécit de bas en haut avec une circonférence de base de 37,3 mètres et une hauteur de tour de 44,1 mètres. La pagode est construite en pierre et brique, avec une très belle imitation de structure en bois. Lors de sa création, les avant-toits, les balustrades et les clôtures étaient tous construits en bois et en tuile. Après une réparation à la fin de la dynastie des Qing, les avant-toits ont été changés en maçonnerie et les balustrades en fer. Les clôtures se furent modifiées en octogone et la hauteur de la tour a été augmentée de cinq chi. Comme l'espace intérieur de la tour est assez étroit, un escalier spiral est logé dans la partie centrale jusqu'au dernier étage. Tout en haut, sur le septième étage, vous obtenez une vue panoramique sur la ville. Entourée de pins, d'étangs, des pierres, la Pagode Hongshan offre une tranquillité d'esprit et une paix suprême.

3-3 La salle du Bouddha Jade et le pavillon de stockage des sutras

En 2ᵉ année de l'ère Baoli sous la dynastie des Tang (en 826), le Moine Shanxin du Temple Kaihua de Hongzhou voyagea à la montagne Dahongshan de Suizhou où il vit les villageois sacrifier le bétail au dieu dragon pour prier la pluie et conjurer la sécheresse. En raison de la compassion et de la pitié, le moine voulut sacrifier sa vie à la place du bétail. Lorsque la pluie tomba, la sécheresse fut soulagée et le moine y ouvrit un temple. Avant de mourir, le moine tint sa promesse et lui coupa les pieds comme sacrifice. Son action courageuse choqua la cour et émut le peuple. L'empereur Jingzong donna au moine le titre de « Maître Lingji Ciren » en nommant ses pieds « pieds du bouddha » et les enchâssa dans le temple. En 3ᵉ année de l'ère Duanping sous la dynastie des Song du Sud (en 1236), afin d'éviter la terrible destruction de la guerre, le général Meng Gong demanda à l'empereur de déplacer les pieds du bouddha et de nombreuses statues vers le Temple Mituo. En 17ᵉ année de l'ère Zhiyuan sous la dynastie des Yuan (en 1280), la Pagode Lingji a été construite particulièrement pour les pieds du bouddha. Pendant l'ère Chenghua de la dynastie des Ming (1465-1487), la Pagode Lingji a été renommée Pagode du Temple Baotong, également connue sous le nom de Pagode Hongshan.

Temple Baotong et Pagode Hongshan

3-4   La Pagode Hongshan

Complexe des constructions anciennes de la montagne Mulan

 La Montagne Mulan, bourg de Changxuanling, district de Huangpi, Ville de Wuhan

Le complexe se niche dans la Montagne Mulan au bourg de Changxuanling dans le district de Huangpi. La Montagne Mulan s'élève à 582 mètres d'altitude, il faut gravir 1090 marches pour accéder au sommet, un des sommets principaux de la grande chaîne de montagnes Dabieshan. Dans la montagne verdoyante s'abritent nombre de temples bouddhistes et taoïstes entourés de pins et de cyprès. La coexistence de deux religions rend ce site un lieu de pèlerinage particulier depuis longtemps. La présence de pèlerins en prière et de vapeur d'encens y génère une atmosphère religieuse très marquée.

Le complexe architectural fut édifié sous la dynastie des Sui, se développa sous les Tang et atteignit son apogée à l'époque des Ming. Il connut son plein épanouissement en présentant 7 palais, 8 temples et 36 salles. Manque d'entretien, la plupart des bâtiments se sont délabrés avec le temps, et ne subsistent que l'Arche du Général Mulan, le Temple de Mulan, le Temple taoïste Jinding (Temple au sommet d'or), le Pavillon de l'Empereur de Jade avec son arche. Ces dernières années, on a réparé ou reconstruit successivement la porte céleste du sud, le Palais de Wenchang (dieu responsable de la renommée et du grade), le Palais Ying'en (Palais de la réception de grâces), le Palais de Doulao (divinité en charge des étoiles) ainsi que le Palais de Dizhu (divinité locale originaire du district de Macheng, Hubei). La porte céleste du sud est la ligne de démarcation, séparant les bâtiments taoïstes en haut et ceux du bouddhisme en bas. Le Bouddhisme et le Taoïsme coexistent dans la même montagne, exemplaire d'intégration parfaite de deux religions.

Suivant le relief de la montagne, les bâtiments sont éparpillés ici et là. Majoritairement en pierre gris-foncé, ils sont édifiés selon la méthode de maçonnerie traditionnelle locale, dite Assemblage à sec. Cette méthode veut qu'on n'utilise pas de clou pour l'assemblage de matériaux de bois, ni de mortier pour les matériaux

Complexe des constructions anciennes de la montagne Mulan

4-1　L'Arche du Général Mulan (devant)

4-2　L'Arche du Général Mulan (derrière)

de pierre. On dresse l'ossature en bois et entrelace les moellons de taille différente. Les blocs s'entrecroisent, se contiennent en formant un tout. Seul du riz gluant est utilisé comme liant sur les points clés. Selon les anciens registres, cette méthode a été appliquée dans la construction du Temple de la Haute Antiquité, fondée sous le règne de Zhengguan, sous la dynastie des Tang. Malgré la destruction sérieuse, cette méthode est bien lisible dans les ruines. Uniques en son genre, avec les moellons superposés, le mur extérieur ressemblant à une falaise, les bâtiments construits de cette manière offrent une beauté architecturale particulière.

Le village Mulan serpente dans la montagne, perche à 400 mètres d'altitude et s'étend sur environ 2500 mètres. Il possède 5 portes et sont équipés de tours de balise (tours du feu d'alarme) à l'ouest sur les champs dégagés. Datant de la première année du règne de Kangxi sous la dynastie Song du sud (en 1259), le village servit de fortification contre l'armée des Yuan. En 3e année du règne de Xianfeng sous la dynastie des Qing (en 1853) il a été consolidé pour empêcher l'invasion de la Rébellion Taiping. Et puis en 1937, le troisième renforcement fut entrepris pour lutter contre l'irruption de l'armée japonaise. Finalement fut restaurée en 1985 la section entre la porte céleste du sud et la porte sud du village.

Par la porte céleste du sud, on arrive au Temple de Mulan et l'Arche du Général Mulan. Le premier a été édifié en 37e année de Wanli sous les Ming et a été restauré en 1982. Juché sur une falaise, il surplombe la vallée. Les colonnes rouges et les tuiles vernies cyan sont très marquées. Les murs d'est et d'ouest sont tous composés de moellons empilés sans mortier jusqu'au toit, tandis que la façade est à moitié en moellons et un pavillon de bois se dresse au-dessus. Sur le linteau de la porte principale sont gravés les quatre caractères « Loyauté, Piété filiale, Vaillance et Honneur ». En entrant, on remarque 3 statues dorées de Mulan, vêtues respectivement de robe, d'uniforme de cour et d'uniforme militaire. L'Arche du général Mulan s'élève devant le temple. Appuyée sur 4 piliers, elle a 3 étages, mesurant environ 7 mètres en hauteur et 6 mètres en largeur. Sur la tablette verticale sont inscrits les deux caractères « Intelligence et Brillance » alors que les quatre caractères « Loyauté, Piété filiale, Vaillance et Honneur » figurent sur la tablette horizontale. On dirait que l'arche originale a été érigée sous la dynastie des Tang mais ultérieurement détruite. La version restante est celle rétablie sous la dynastie des Ming.

Au sommet, c'est un temple taoïste nommé d'après la localisation, Temple au sommet d'or. Avec 4 piliers, son arche à 3 étages mesure environ 7 mètres. Sur le devant sont gravés les deux caractères « sommet d'or », sur le dos « cour d'Empereur ». A gauche et à droite, on lit respectivement des caractères de petite taille : « 20e année du règne de Guanxu sous la dynastie Qing » et « Restauration dotée par un acronyme de Ningbo ». A l'ouest du temple se trouve le Pavillon de l'Empereur de Jade et son arche. Appuyée sur 4 piliers, cette arche voûtée de 3 étages a été érigée sous la dynastie des Ming. Sur le front on lit les quatre caractères « Premier sommet céleste » et sur les deux côtés « rayon du Soleil » et « clair de la Lune ». Le Pavillon de l'Empereur de Jade a été édifié sous la dynastie des Tang et rénové en 2e année Hongwu sous la dynastie des Ming (en 1369). Construit de manière traditionnelle Ganqi (Assemblage à sec), le pavillon en duplex se présente sous forme d'un hexagone avec un toit pointu. Il abrite la statue de l'Empereur de Jade.

Autrefois appelée Montagne Jianming, la Montagne Mulan a été nommée aussi Montagne du Lion cyan (Qingshiling) puisque sa configuration ressemblait à un lion.

4-3 L'arche du Pavillon de l'Empereur de Jade (devant)

4-4 Le Pavillon de l'Empereur de Jade

Elle se donna ultérieurement le nom Mulan parce que les arbres Mulan y poussaient abondamment. Sa célébrité résulte de *la Ballade de Mulan* qui raconte l'histoire d'une jeune fille qui s'engage dans l'armée en se déguisant en homme afin d'éviter cette charge à son père âgé. Selon les *Annales du district de Huangpi, Province du Hubei* rédigées en 10ᵉ année du règne de Tongzhi des Qing, il y eut sous la dynastie des Tang un chef du district (Qianhuzhang, chef de mille ménages, un titre officiel de la Chine antique), dont le nom de famille fut Zhu et prénom Yi, surnom Shoufu. Âgé de plus de 50 ans, il n'arriva jamais à avoir d'enfant. Très pieux, il fit toujours des pèlerinages dans la montagne pour demander un descendant. Enfin, il eut une fille, appelée Mulan. Quand la fille avait 18 ans, les Turki (une tribu issue du Nord de la Chine antique) menaçaient les frontières du pays. Le père reçut la mobilisation ordonnée par l'Empereur. En tant que chef du district, il était obligé de se rendre à la bataille. Comme il était déjà très âgé et en santé fragile ! Mulan était inquiète que son père ne revienne jamais vivant de la bataille. Alors elle décida de se vêtir en homme pour prendre la place de son père. Après 12 ans de lutte féroce, Mulan se distingua au combat et revint victorieuse. Elle refusa toutes les récompenses et ne voulut que retourner dans son village natal pour soigner ses parents âgés. Décédée à l'âge de 90 ans, elle fut enterrée au nord de la montagne Mulan. Les descendants mirent au pied le Palais de Mulan, l'Arche du Général Mulan et le Temple de Mulan en sa mémoire.

4-5 Haut doré

Porte Qiyi

 La rue Shouyi et la rue Qiyi, district de Wuchang, ville de Wuhan

Située rue Shouyi et rue Qiyi de Wuchang, la Porte Qiyi s'appelant à l'origine la Porte Zhonghe, est la seule porte qui a été conservée parmi les neuf portes principales de la ville de Wuchang. La ville antique de Wuchang, également connue la ville de Xiakou, fut construite à l'époque où Sun Quan de Dongwu des Trois Royaumes contrôlait la région de Wuchang au sud du Fleuve Yangtsé d'après des rapports historiques. La ville antique commenca à être fortifié avec des briques et des pierres sous la dynastie des Tang. Lors du règne de Baoli (825-827) de l'empereur Jing sous la dynastie des Tang, le jiedushi[1] Niu Sengru utilisa la ville de Xiakou comme site de base pour étendre la ville d'Ezhou (maintenant Wuchang) au nord, à l'est et au sud. Le site de la ville faisait face au Fleuve Yangtsé, au nord jusqu'au Lac Shahu et à l'est jusqu'à la Colline Fenghuang (Colline du Phénix), au sud près du Lac Changhu. En 4e année du règne de Hongwu sous la dynastie des Ming (en 1371), le marquis Zhou Dexing, agrandit la ville de Wuchang à l'est, à l'ouest et au sud sur la base de la ville originale d'Ezhou, jusqu'à la Porte Dadongmen et la Porte Xiaodongmen à l'est et jusqu'au rocher Huanghuji à l'ouest, au sud jusqu'à l'embouchure Nianyu. Le périmètre de la ville de Wuchang cité fait 20 lis de long, neuf portes ont été construites le long des remparts de la ville, ce sont la Porte Dadong, la Porte Xiaodong, la Porte Zhupai, la Porte Hanyang, la Porte Pinghu, la Porte Xinnan, la Porte Baoan, la Porte Wangze et la Porte Caobu. Il fut reconstruit en 14e année du règne de Jiajing de l'empereur Shizong (en 1535), et la Porte Dadong, la Porte Xiaodong, la Porte Zhupai, la Porte Xinnan, la Porte Wangze et la Porte Caobu ont été renommés la Porte Binyang, la Porte Zhongxiao, la Porte

---

[1] Gouverneur d'une ou plusieurs provinces en charge des affaires civiles et militaires sous la dynastie des Tang

5-1　La Porte Qiyi (façade)

Wenchang, la Porte Zhonghe, la Porte Wangshan, la Porte Wusheng, et les autres portes ont continué à porter leur ancien nom. Les remparts de la ville de Wuchang, y compris la porte de la ville, sont conservés jusqu'à la Révolution chinoise de 1911 et n'ont pas été démolis que lorsque l'armée expéditionnaire du Nord prit la ville de Wuchang en 1926. L'actuelle Porte Qiyi a été rétablie sur le site de la Porte d'origine Zhonghe en 1981 pour commémorer le 70ᵉ anniversaire de la révolution chinoise de 1911.

　　La Porte Qiyi mesure 11,3 mètres de haut et comporte deux étages, en toit en croupe et à pignon d'Asie de l'Est à double avant-toit en système chuandou. Ses murs vermillons et ses tuiles cyan, des avant-toits et des corniches relevés sont entourés de piliers vermillons, et les portes et fenêtres anciennes sont simples et élégantes. La porte est orientée au nord et au sud, mesure environ 8 mètres de large et a une forme d'arc semi-circulaire. Un bian'e[1] de marbre est accroché au-dessus, avec les trois caractères chinois « Qi yi men » inscrits par le maréchal Ye Jianying. des murs gris reconstruits sont aux deux côtés de la tour de la muraille, hauts et

---

[1]　Tablette horizontale portant une inscription.

Porte Qiyi

5-2 La Porte Qiyi (derrière)

5-3 La reconstruction partielle de la Porte Qiyi

massifs, avec des jianduo[1].

La Porte Qiyi de Wuchang fut nommée pour son rôle important et sa signification dans le soulèvement de Wuchang de la révolution chinoise de 1911. Le soir du 10 octobre 1911, les rebelles du bataillon du génie de la nouvelle armée du Hubei tira le premier coup de feu pour renverser la dynastie des Qing, occupa l'arsenal de Chuwangtai et contrôla la tour de la Porte Zhonghe. La Porte Zhonghe était un canal de communication entre la ville et les équipes d'artillerie et l'escadron stationnées au lac Nanhu en dehors de la ville, reconnut une importance stratégique. Après que les rebelles ont pris la Porte Zhonghe, la porte grande ouverte pour accueillir l'équipe d'artillerie du lac Nanhu et l'escadron qui combinèrent cette attaque de l'extérieur et de l'intérieur. Par la suite, ils prirent la hauteur de la Colline du Serpent et déployèrent de l'artillerie sur la tour des remparts, le Chuwangtai et la Colline du Serpent, et lancèrent une attaque vigoureuse sur la préfecture du gouverneur général du Huguang du gouvernement Qing. Finalement, il conquit la préfecture du gouverneur général, occupa la ville de Wuchang et remporta la première victoire du soulèvement. Pendant le soulèvement, l'occupation de la Porte Zhonghe fut la clé de la victoire du premier soulèvement, et c'était aussi le début de la victoire du premier soulèvement. Par conséquent, en 1ère année de la République de Chine (en 1912), la Porte Zhonghe a été rebaptisée la Porte Qiyi.

---

[1] Petit mur avec des bosses sur des murailles.

Pavillon Qingchuan et Résidence impériale secondaire Yuji

le Rocher Yugong au pied oriental de la Colline de la Tortue, district de Hanyang, ville de Wuhan.

Le complexe du Pavillon Qingchuan est situé sur le Rocher Yugong au pied oriental de la Colline de la Tortue (Guishan) à Hanyang, avec le Pavillon Qingchuan et la Résidence impériale secondaire Yuji comme le corps principal, entouré du cyprès Yu, le Passe Tiemen, le Pavillon Chaozong, le Pavillon Chubo, le Pavillon du stèle Yu et les stèles en pierre sculptée de dynasties dans l'histoire. Il est entouré de la colline et de rivières, caché dans des forêts luxuriantes, et réunit la majesté des pavillons, la simplicité des palais et la beauté des jardins, avec de fortes caractéristiques culturelles Chu.

Le Pavillon Qingchuan, aussi appelé la Tour Qingchuan, a été construit entre la 26e et la 28e année du règne de Jiajing sous la dynastie des Ming (1547-1549). Il a été construit par Fan Zhizhen, le préfet de Hanyang, lorsqu'il a réparé la Résidence impériale secondaire de Yuji. Debout sur la colline, face au Fleuve Han, au bord du Fleuve Yangtsé, il est majestueux, grandiose et magnifique. Il est en face de la Tour de la Grue Jaune de l'autre côté du Fleuve Yangtsé avec lequel il réfléchit. Il est connu comme un paysage sans pareil du monde. Selon le document, on connut des reconstructions et améliorations du Pavillon Qingchuan en 1ère année et en 40e du règne de Wanli sous la dynastie des Ming (en 1573 et en 1612), en 9e année du règne de Shunzhi (en 1652), en 5e année du règne de Yongzheng (en 1727), en 52e année de Qianlong (en 1787) et en 14e année du règne de Jiaqing, en 3e année du règne de Tongzhi (en 1864) et lors du règne de Guangxu (1875-1908) sous la dynastie des Qing. Son échelle est de plus en plus magnifique et majestueuse, il est devenu un lieu célèbre où des talents se réunissent. En 1911, lorsque la Révolution chinoise de 1911 éclata, la Colline de la Tortue a été bombardée à plusieurs reprises par des bombardements d'artillerie lourde. Le Pavillon Qingchuan a été gravement endommagé et détruit par un ouragan en 1934. L'actuel Pavillon Qingchuan a été reconstruit en 1985 suivant le style de l'ère Guangxu sous la dynastie des Qing.

Le Pavillon Qingchuan construit sur le site d'origine mesure 17,5 mètres de haut et donne sur l'est. Il s'agit d'un bâtiment en béton armé semblable au bois. Le pavillon est en deux étages, avec un toit en croupe et à pigeon d'Asie de l'Est à double avant-toit, des piliers vermillon et tuiles cyan, des avant-toits et des corniches relevés, ainsi qu'une véranda du front et un corridor. Les deux extrémités du faîtage s'élèvent légèrement pour former un faîtage concave avec une certaine légèreté et élégance, exprimant des caractéristiques architecturales Chu. Le rez-de-chaussée comprend trois travées, 20,8 mètres de long ; quatre travées de profondeur, 16 mètres de large. La charpente de poutres, dougong[1], les marches, les fenêtres, les balustrades et les caissons sont tous finement travaillés, exquis et délicats. Les peintures et sculptures colorées telles que « heureux à la fois fonctionnaire », « Le dragon et le phénix apportent le bonheur et la prospérité », « Quatre éléments et huit porte-bonheur bouddhiste », reflètent pleinement les coutumes folkloriques de Jingchu. Au premier étage, un pailou s'élève, et une plaque à trois caractères « Qing Chuan Ge » (Pavillon Qingchuan) inscrits par Zhao Puchu. Le corridor dessert les alentours et le meirenkao (appui de beauté) contenant des balustrades et des bancs, permet aux visiteurs d'admirer le paysage lointain en s'appuyant contre la balustrade.

La Résidence impériale secondaire Yuji où l'on offre des sacrifices à Dayu est située à l'ouest du Pavillon Qingchuan. Il s'appelait au début le temple Yuwang et fut construit lors du règne de Shaoxing sous la dynastie des Song du Sud (1131-1162). Il connut deux restaurations en 8ᵉ année du règne de Dade sous la dynastie des Yuan (en 1304) et lors du règne de Chenghua (1465-1487) sous la dynastie des Ming. Quand il reconstruisit lors de l'ère Tianqi sous la dynastie des Ming (1621-1627), il a été rebaptisé « Yuji Xinggong » (la résidence impériale secondaire Yuji), qui non seulement offrait des sacrifices à Dayu, mais également 18 hommes sages dont Houji et Boyi dans les légendes anciennes. À la fin de la dynastie des Ming, La résidence impériale secondaire Yuji a été détruite par la guerre et restaurée en 9ᵉ

---

[1] Système de consoles chinois, constitué de plaques de bois en forme de crochet, placées couche après couche entre le sommet d'une colonne et une poutre transversale pour supporter les toits, qui est une technique typique de l'architecture chinoise antique.

année du règne de Shunzhi sous la dynastie des Qing (en 1652). Il a été agrandi en 19ᵉ année du règne de Kangxi (en 1680) et en 5ᵉ année du règne de Yongzheng (en 1727), et détruit par un incendie lors de l'ère Qianlong. L'actuelle Résidence impériale secondaire Yuji a été construite en 2ᵉ année du règne de Tongzhi (en 1864) et rénovée en 1984.

6-1   Le paifang du Pavillon Qingchuan

La résidence impériale secondaire Yuji s'étend sur une superficie d'environ 380 mètres carrés. C'est un bâtiment de style siheyuan (la cour carrée) avec trois travées de large et trois travées de profondeur. Il se compose du hall d'entrée, du hall principal, des halls latéraux gauche et droit et du patio. Ce sont tous en toit à pigeon affleurant, en brique et bois avec une structure mélangée de la construction poteaux et linteaux et chuandou. Le frontispice est un mur de style Pailou en brique (quatre piliers, trois étages et trois portes), et les trois autres côtés sont des murs contre incendie en brique. Le hall principal est une salle au toit à pigeon affleurant, décorée

6-1   Le Pavillon Qingchuan

de dougong Ruyi[1] sous les avant-toits devant elle. Dans le hall, il y a une sculpture « Dayu zhishui » (Dayu a géré l'inondation), derrière laquelle c'est « Yu Jitu », qui est une carte géographique des montagnes et des rivières basées sur les gravures sur pierre sous la dynastie des Song pour louer les exploits de Dayu dans la gestion de l'inondation. Les deux côtés du patio sont comme un couloir, avec un toit à une seule pente. Des deux côtés des pavillons de galerie, il y a des peintures murales sur l'histoire de la gestion de l'inondation de Dayu. La toiture de la résidence impériale secondaire Yuji est recouvert de petites tuiles cyan et la crête de l'avant-toit est décorée d'embouts de tuile, de gouttières, de jiwen[2] et de zuoshou[3]. Dans la cour, le luodizhao[4] avec les caractéristiques des jardins du sud sépare l'espace de la cour, mais les espaces séparés sont attenants, tantôt il cache, tantôt il apparaît, ce contraste donne à la cour un aspect paisible et retiré. Sur le côté gauche du palais se trouve une stèle en marbre blanc sans mot sous la dynastie des Ming. Il y a deux explications sur cette stèle blanche : l'une dit que la stèle a été érodée donc l'écriture a disparu, l'autre dit qu'il n'y a pas de mot sur la stèle en raison de ses exploits exceptionnels qu'on ne peut pas tout noter. Sur le côté droit de la résidence impériale secondaire Yuji se trouve le Pavillon Yubei (la stèle de Dayu) avec un toit hexagonal pointu, La stèle de Yu dans le pavillon a été construite par un lettré célèbre Maohui en 17e année du règne de Shunzhi sous la dynastie des Qing (en 1660) à la montagne Heng de la province du Hunan et fut sculptée ici.

Selon la légende, Dayu géra des rivières pour sauver les gens des inondations, et Houji apprit aux gens à cultiver toutes sortes de céréales pour sauver les gens de la famine et du froid, alors'que on les appelle Yuji. Au côté près de la rivière de la résidence impériale secondaire Yuji, il y avait des rochers accidentés de formes grotesques nommés le Yugongji (le rocher des exploits de Dayu). Le Yugongji est la tête de la Colline de la Tortue, faisant face au Huanghuji de la Colline du Serpent de l'autre côté du Fleuve Yangtsé. Ce qu'on appelle « Gui she suo da jiang » (serpent-

---

[1] Un objet ornemental en forme de S, fait de jade, ancien symbole de bonne chance.
[2] Animaux décoratifs en poterie à l'extrémité d'un faîtage.
[3] Animaux assis décoratifs en poterie à l'extrémité d'un faîtage.
[4] Une sorte de couverture en bois sculpté pour la décoration des gouttières intérieures des bâtiments anciens.

6-3 La Résidence impériale secondaire Yuji

tortue verrouille la rivière), c'est que les deux rochers verrouillent le Fleuve Yangtsé comme une barrière naturelle. Selon les archives du « Huanyu Tongzhi » (les Dossiers complets de l'univers) de la dynastie des Ming, Yuan shizu, le premier empereur de la dynastie des Yuan livra les batailles vers le sud de la Chine, arriva au Huanghuji et demanda le nom de la colline de l'autre côté du fleuve. Les nobles du village répondirent que c'était le Lu Gongji, parce qu'il y avait un taoïste Lu Dongbin jouant de la flûte dessus. Yuan shizu demanda à nouveau, quel était son nom avant la dynastie des Tang, tout le monde était silencieux. Un vieil homme répondit : ce rocher était le lieu où Dayu réussit à gérer l'inondation selon l'ancienne légende. Il y avait un temple du roi Yu construit dessus, qui, selon la rumeur, était appelé plus tard Lu Gongji. Yuan Shizu était ravi et ordonna aux gens de reconstruire le Temple du roi Yu et de lui offrir des sacrifices chaque année. Dès lors, chaque fois qu'il y avait des inondations et des sécheresses, des mandarins et des civils venaient à la résidence impériale secondaire Yuji pour prier et offrir des sacrifices.

Temple taoïste Changchun

 Le pied sud de la Colline Shuangfeng, district de Wuchang, ville de Wuhan

Situé au pied sud de la Colline Shuangfeng (Colline à deux sommets) près de Dadongmen à Wuchang, au milieu de la Colline Huanghu (Colline du serpent), le Temple taoïste Changchun (Temple du Printemps éternel) est le plus grand et le mieux préservé des anciens bâtiments taoïstes de Wuhan. Il a été édifié en 24e année de Zhiyuan (en 1287), sous la dynastie des Yuan en l'honneur de Qiu Chuji, dont le nom taoïste est Changchun (Printemps éternel). Un des sept premiers disciples de Wang Chongyang, fondateur de la secte Quanzhen (Voie de la parfaite complétude), il est lui-même le fondateur de la branche du taoïsme Longmen (Porte du Dragon). Avec ses dix-huit disciples, Qiu Chuji se remit en route pendant un an pour rejoindre Gengis Kahn. Il le convainquit d'exercer une gouvernance bienveillante et lui dissuada les tueries. Le Kahn lui manifesta un grand respect et le nomma *Immortel*.

Le Temple Changchun a fait l'objet de plusieurs restaurations au long de l'histoire. Il a été rénové et reconstruit en 12e année de Yongle (en 1414) sous les Ming. Au milieu de la dynastie des Ming, il a atteint son apogée en jouissant « des milliers de salles, des millions d'adeptes et des encens jamais éteints ». Et il a été agrandi en 26e année du règne de Kangxi (en 1687) sous les Qing. Détuit en ruine dans les guerres en 2e année de Xianfeng (en 1852), il a été rebâti par He Hechun, le 16e patriarche de la branche de Longmen. En 2e année du Tongzhi (1863), le maître conduisit les adeptes à recueillir des fonds pour sa réfection. Il s'efforça de restaurer le temple dans son style sous la dynastie des Ming pour qu'il reprenne l'air solennel et l'éclat. En 1931, il a subi encore une fois une restauration importante.

Le Temple Changchun est un complexe de constructions ordonnées selon l'axe nord-sud, avec l'entrée principale à l'extrémité sud. Il s'étend sur environ

7-1　Le portail du Temple Changchun, qui sert aujourd'hui de Hall du Maître spirituel et était à l'origine le hall de deux Divinités.

45 000 mètres carrés. Les constructions sont alignées sur 3 axes : l'axe d'est, l'axe central et l'axe d'ouest. Sur les nombreuses constructions étagées en terrasses, on peut distinguer 5 édifices principaux alignés sur l'axe central : ce sont la salle Lingguan, la salle Ershen (salle de deux Divinités), la salle Taiqing, l'Autel des Divinités antiques qui a été nommé salle Ziwei en 1931 avant d'être renommé salle de Qizhen (salle des 7 Accomplis) en 1982, l'Autel des Paysans antiques qui a été débaptisée salle de Sanhuang (salle de Trois empereurs). Les autels sont liés par le pont en plein cintre Huixian[1] (Pont de rencontre des dieux), au-dessous duquel se trouve une tablette de pierre portant les caractères chinois « Dibu tianji ». Ce qui est intéressant, c'est que le caractère « bu » (步) a un point de plus. La morale, c'est qu'on doit faire les choses pas à pas et qu'on doit poser les pieds bien sur terre. Sur

---

[1] La légende prétend qu'on peut rencontrer les divinités sur le pont.

l'axe d'est s'étalent la salle à manger[1], les dortoirs, la salle du Patriarche Qiu, la salle du Supérieur, la salle des Généalogies, la salle Chunyang, etc. Sur l'axe d'ouest s'échelonnent la salle Shifang, la salle du sermon (salle où les bronzes chantent les sutras), la grande salle de réception, la salle de charité (salle où sont conservées les tablettes des ancêtres de mérites et de vertus, où on offre des sacrifices), le pavillon Dashi, la salle Laicheng, le pavillon de stockage des sutras. Les principaux bâtiments sont tous en brique et en bois, avec des avant-toits volants et des arches délicates. Tous sont majestueux. Tantôt ils sont coiffés d'un toit double courbé vers le haut, c'est magnifique et spectaculaire. Tantôt le toit s'étend au large et au loin, c'est peu sophistiqué et mais digne. A l'intérieur, les poutres sont sculptées d'une finesse étonnante, les sujets sont principalement des personnages, des dragons, des fleurs, des oiseaux, ainsi que des nuages.

Selon la légende, Laozu, l'ancêtre du taoïsme, se rendit une fois à la Colline Huanghu et y construisit le Temple de Laojun. Dans les premières années de la dynastie des Yuan, Qiu Chuji y pratiqua les prières. Ses disciples bâtirent ultérieurement le Temple Changchun (Temple du Printemps éternel) nommé d'après son nom taoïste. Qiu Chuji suivit Wang Chongyang à l'âge de 19 ans et devint plus tard un des 7 Accomplis du Nord (Beiqizhen). Gengis Kahn, l'ancêtre de la dynastie des Yuan, lui demanda comment bien gouverner son pays et comment se perfectionner soi-même, il répondit : « La gouvernance du pays doit être basée sur le respect des cieux et la pitié du peuple, et la culture de soi-même doit être basée sur la vie ascétique et la modération des désirs ». Kublai Khan, petit-fils de Gengis Kahn, fondateur de la dynastie des Yuan, se livra dans les guerres. Qiu l'exhorta à une gouvernance bienveillante, le convainquit d'arrêter les massacres, de retenir les désirs et de se montrer plus clément envers les Hans. Avec 18 de ses disciples, il suivit les armées de Yuan en expédition pour réconforter les réfugiés, enterrer les cadavres et sauver les gens. Partout où les armées pillèrent, ils secoururent les sinistrés et les enseignèrent ; ainsi, ils conquirent un grand nombre de convertis. La cour impériale, très touchée par les bienfaisances, fit si grand cas de la secte

---

[1] Salle de l'abstinence 斋堂, puisque les bonzes observent l'abstinence, on nomme la salle à manger avec le terme « abstinence ».

7-2 Le hall Taiqing

Quanzhen qu'elle la chargea des affaires religieuses pour la totalité de la Chine et l'exempta d'impôt et de corvée. La légende populaire racontant sa dissuasion des massacres fait de Qiu Chuji un héros patriote, lui attribue la réputation de grande charité.

Pont sud

 Le village Dawurao, district de Jiangxia, ville de Wuhan

Le Pont sud est situé dans le village Dawurao de Jiangxia à Wuhan, franchant le port Nanqiao (pont sud) d'est en ouest. Le Pont sud fut construit en 9e année de l'ère Zhizheng sous la dynastie des Yuan (en 1349) et il fut réparé en 36e année du règne de Kangxi sous la dynastie des Qing (en 1697). C'est le plus ancien pont existant à Wuhan qui fut enregistré dans des documents écrits avec une date de construction exacte.

Le Pont sud en maçonnerie est constitué d'une seule arche de 36,7 mètres de longueur et de 6,3 mètres de largeur. La portée de l'arche du pont est de 6,9 mètres.

8-1   Le Pont sud

En forme de demi-cercle, l'arche et son reflet dans le miroir d'eau forment un cercle complet, symbolisant la lune. Le Pont sud est construit en grès rouge, joint avec le mélange du riz gluant et de la pâte de chaux, et perfectionné avec des pierres de différentes tailles. Étroit au milieu et large aux deux côtés, le pont est pavé de grandes dalles en pierre bleue. Des enrochements trapézoïdaux sont placés des deux côtés de l'arche du pont pour réduire l'impact de l'eau et protéger le corps du pont. Au milieu de l'arche du pont, en haut est gravée l'inscription « la 9ᵉ année de l'ère Zhizheng », en bas « au printemps de la 9ᵉ année de l'ère Zhizheng, dans le sud de Jiangxia, un trépied ». Sur la stèle en pierre bleue incrustée au sud du côté ouest du pont est gravée l'inscription « la 36ᵉ année de l'ère Kangxi » pour commémorer la grande réparation du Pont sud.

Selon les *Généalogies du clan Rao* du village Dawurao, sous la dynastie des Yuan, le riche local Rao Dongshan finança la construction du Pont sud lors de la réparation du temple des ancêtres. À cette époque, il y avait un quai et les gens vivaient sur deux rives. C'était le seul passage liant le sud de Wuchang et l'ancienne voie vers Xianning et Daye. *Les Généalogies du clan Rao* rapportent également une histoire sur les descendants du clan Rao protégeant le Pont sud sous la dynastie des Ming. En raison du besoin urgent de matériaux en pierre pour la construction du palais Chu, le Pont sud était sur le point d'être démoli pour récupérer les pierres. C'étaient les descendants de Rao Dongshan qui le supplièrent de conserver le pont. Après des changements historiques, le pont sud est bien conservé et joue toujours un rôle important dans la communication entre les habitants des deux rives.

Temple Lianxi

 Le côté nord de l'avenue Xiongchu, district de Wuchang, ville de Wuhan

Le Temple bouddhiste Lianxi (Temple du Lotus et du Ruisseau) est situé sur le côté nord de l'avenue Xiongchu dans le district de Wuchang à Wuhan, adossé contre la Colline Panlong (Colline du dragon). Il est connu comme un des plus grands monastères bouddhistes à Wuhan. Lui et ses homologues les Temples Baotong, Guiyuan et Gude sont appelés les 4 Jungles du bouddhisme à Wuhan[1]. Il a longtemps été un lieu de pèlerinage bouddhiste et un exemple étonnant de l'architecture traditionnelle chinoise.

Le temple fut édifié à la fin des Yuan, au début des Ming. En 10ᵉ année de Chenghua sous la dynastie des Ming (en 1475), l'empereur Xianzong lui dédicaça la plaque portant son nom. Entre la 8ᵉ et la 17ᵉ années de Chongzhen (1635-1644), il fut incendié dans les rébellions des paysans. Sous le règne de Kangxi de la dynastie des Qing (1662-1722), le bonze supérieur Farong fut chargé de restaurer le temple, qui, malheureusement, fut réduit en cendre par les feux de la Rébellion Taiping. Après quoi, le moine-médecin Daoming, originaire de la province du Sichun, se mit à recueillir des fonds pour sa réfection en 15ᵉ année du règne de Guangxu (en 1889). Il le répara, rénova et agrandit. En 3ᵉ année de Xuantong (en 1911), il fut autorisé impérialement à collectionner les sutras. En 17ᵉ année de la République de Chine (en 1928), le Temple Lianxi créa le célèbre Institut Huayan sous la direction du Maître Tikong. En tant que meilleure école bouddhiste du pays, il forma en 3 ans 30 disciples qualifiés, qui se répartirent ensuite dans le monde entier pour diffuser la culture bouddhiste. C'est pourquoi le Temple Lianxi est l'un des rares temples bouddhistes de Chine à avoir une réputation internationale. Pendant les années 1960 et 1970, le temple ne put pas s'échapper à l'écrasement, les statues de Bouddha

---

[1] Une jungle bouddhiste désigne un temple de grande taille ayant un système institutionnel

fut endommagées et les moines furent expulsés. En 1983, l'Etat mit en œuvre les politiques religieuses, le temple connut ainsi une renaissance. L'année suivante, il fut transformé en monastère « Jungle » (où les moines et les laïcs vivent en harmonie, comme des arbres qui se rassemblent dans une jungle).

Exposé au sud, le Temple Lianxi s'étend sur une superficie d'environ 13 000 mètres carrés. Les constructions y sont majoritairement en bois et en brique. Les bâtiments principaux se succèdent sur l'axe central : la nouvelle porte principale, l'ancienne porte principale, le hall du Bouddha Maitreya, le hall du Bouddha Sakyamun, la salle de méditation et le pavillon de stockage des sutras. Les édifices secondaires sont relégués sur les côtés est et ouest. À l'est s'enchaînent la salle de réception, la salle des mille bouddhas, la salle de la Grande Merci, l'Institut de Huayan et les dortoirs. À l'ouest se trouvent successivement la salle à manger, l'Institut du bouddhisme, la cuisine et la chambre du supérieur du temple.

Au-dessus de la nouvelle porte figurent les trois caractères dorés « Temple bouddhiste Lianxi » écrits par le maître Chang Ming du temple bouddhiste Guiyuan. Derrière la nouvelle porte, en passant par le jardin, le potager, l'étang et le puits ancien, on arrive à l'ancienne porte sur laquelle s'inscrivent les manuscrits

9-1   Le Portail du Temple Lianxi

9-2　Le Hall du Bouddha Sakyamuni

dorés « Temple bouddhiste Lianxi ». Les documents historiques suggèrent que ces caractères furent dédicacés par le moine Daoming en 17e année Guangxu de la dynastie des Qing (en 1891). Deux lions de pierre surveillent la porte de chaque côté. Par l'ancienne porte, on pénètre dans une cour d'environ 30 mètres carrés, au milieu de laquelle se trouve un étang où les feuilles de lotus sont vertes et d'où l'arôme des fleurs de lotus se répand. La cour aborde le hall du Bouddha Maitreya, qui relie la salle à manger à l'est et la salle de réception à l'ouest. Un peu plus loin, le hall du Bouddha Sakyamuni se trouve à l'arrière. Ce bâtiment principal est constitué de poteaux en bois, renforcés par des poutres transversales horizontales et de dougong, qui est un support reliant le sommet du poteau et la poutre horizontale du toit. Le toit à pignon affleurant est en tuilerie grise avec simple avant-toit. Il compte 5 travées de large et 5 de long. À l'intérieur du hall, il y a une statue en bronze de Bouddha Sakyamuni, le fondateur du bouddhisme. Cette statue mesure plus de trois mètres de haut. 18 statues de grands arhats entourent la statue géante de

Bouddha. Une cloche de fer géante et un grand tambour sont situés de chaque côté du hall. Derrière le hall principal se trouvent la salle de méditation et le pavillon de stockage des sutras, étagés en terrasses sur la colline. Le premier est l'endroit où les femmes moines méditent et chantent les sutras tandis que le pavillon avait un fonds très riche, tel que la statue en jade sombre de Guanyin, le bol d'or violet, *la grande Tripitaka* octroyée par la cour impériale des Qing et quelques reliques extrêmement précieuses. Malheureusement, la plupart de ces objets ont été endommagés ou perdus au cours des années 60-70.

Le temple est disposé rigoureusement, il est élégant, délicat et exquis. L'architecture traditionnelle, caractérisée par des murs blancs, des carreaux rouges et de grandes corniches, raconte à tous ceux qui y entrent l'histoire dont ce grand temple a été témoin. D'ailleurs, plusieurs arbres géants de plus de 300 ans lui donnent un parfum qui respire un passé lointain.

Il est difficile de situer la date de la fondation avec exactitude, diverses versions existent. Selon le fragment de la stèle en pierre *Notes du Temple Lianxi à Wuchang* érigée en 10ᵉ année de la République de Chine (en 1921), le temple existait déjà sous la dynastie des Tang. On lit que « le temple Lianxi est situé au sud-est du district de Wuchang. Il est bordé au sud par le ruisseau Chu et au nord par la Colline Hongshan. Il a été nommé d'après la disposition du temple qui à l'époque ressemblait à une feuille de lotus et le paysage environnant (au bord du ruisseau). On l'appelle Temple Lianxi (Temple de lotus et de ruisseau) depuis les dynasties des Tang et Song. » En outre, la stèle de pierre mise au jour en 1988 enregistre la donation de terre au temple par le clan Yelu sous la dynastie des Yuan, ce qui montre que le temple remonte à une époque plus lointaine.

Temple Guiyuan

 Le 20, rue Guiyuansi, district de Hanyang, ville de Wuhan

Le Temple Guiyuan, temple de la Pureté originelle, se situe au 20 rue Guiyuansi de Hanyang à Wuhan. Datant de la 15ᵉ année du règne de Shunzhi sous la dynastie des Qing (en 1658), le Temple Guiyuan fut construit par les moines de la province du Zhejiang, Bai Guang et Zhu Feng, sur le site de l'ancien jardin de Wang Zhangfu sous la dynastie des Ming. En 17ᵉ année du règne de Shunzhi (en 1660), la pagode Putong fut édifiée et l'année suivante, la salle Mahavira, la salle à manger, la salle de réception furent successivement construites. Pendant les premières années du règne de Kangxi, de nombreux bâtiments furent ajoutés tels que la salle patriarcale, la salle du Skanda et la chambre du supérieur du temple en 1664, le pavillon de stockage des sutras, les tours de la cloche et du tambour, la salle Nirvana, la porte principale et les chambres à donner en 1669, la salle du Guanyin, la salle Yunshui, les résidences intérieures et extérieures, la cour de trois pagodes en 1647. Et les formidables cinq cents statues des Arhats furent déterrées en 30ᵉ année du règne de Daoguang (en 1850). En 2ᵉ année du règne Xianfeng (en 1852), le Temple Guiyuan était presque en ruines à cause d'un incendie et il fut peu à peu restauré et agrandi sous les règnes des empereurs Tongzhi et Guangxu. Pendant la Révolution de 1911, la plupart des bâtiments furent détruits dans la guerre, seuls la pagode Putong, le pavillon de stockage des sutras et la galerie de cinq cents statues des Arhats survécurent. Jusqu'à la période de la République de Chine (1914-1927), les bâtiments du Temple Guiyuan furent successivement reconstruits. À la fin du XXᵉ siècle et au début du XXIᵉ siècle, les grands projets de reconstruction et d'agrandissement montèrent l'ancienne gloire du Temple Guiyuan au public.

Le Temple Guiyuan a une superficie de 153 mu. Orienté à l'est, le Temple Guiyuan se compose de trois groupes de bâtiments au centre, au sud et au nord. Au-dessus de la porte principale en forme d'arc, il y a une tablette bleue dotée

Temple Guiyuan

10-1   La porte principale du Temple Guiyuan

10-2   L'ancienne porte principale du Temple Guiyuan

10-3　La salle du Skanda

d'une bordure rouge portant une inscription horizontale des caractères chinois d'or « Temple Guiyuan ». Devant la porte principale se trouve un bassin carré, appelé Fangshengchi, où les adeptes libèrent des tortues et des carpes qu'ils ont achetés ailleurs dans un but philanthropique. Dans la cour du milieu, la tour de la cloche et celle du tambour se trouvent des deux côtés de la salle du Skanda. Sur son linteau, il y a une tablette horizontale portant une inscription « ancien Temple bouddhiste ». À l'arrière de la salle du Skanda, il y a un patio qui se connecte au bâtiment principal de la cour du milieu, la salle Mahavira. Large de 5 travées et profonde de 3 travées, la salle Mahavira est dotée d'une structure de poteaux et linteaux, d'un avant-toit simple et d'un toit en demi-croupe recouvert de tuiles jaune vernissée. Dans l'aile sud se situe la salle de réception et dans l'aile nord se situe la salle à manger. La salle Mahavira abrite trois statues solennelles : la statue dorée du Bouddha de Sakyamuni au milieu, faite d'un seul bloc de jade blanc; la statue d'Ananda à gauche et la statue de Kassapa à droite. Le bâtiment principal de la cour sud est la galerie qui abrite cinq cents statues des Arhats, différentes les unes des autres. Les quatres cours intérieurs présente le caractère chinois 田.

Le bâtiment principal de la cour nord est le pavillon de stockage des sutras. Le pavillon comprend 5 travées en largeur et 2 étages (environ 25 mètres), au 2^e

Temple Guiyuan

10-4　Le pavillon de stockage des sutras

10-5　La salle des cinq cents statues des Arhats

étage du pavillon, il y a un portique de 6 colonnes et 5 plaques horizontales. Le pavillon de stockage des sutras possède un fonds très riche : plus de 7000 volumes de classiques bouddhistes et un grand nombre de gravures sur pierre, sculptures, calligraphies, peintures et d'autres trésors culturels depuis la dynastie des Wei du Nord.

Le Temple Guiyuan est connu pour les statues de cinq cents Arhats. Ces statues furent confectionnées de la technique de laque sèche par un père et son fils venant de Huangpi pendant neuf ans. D'abord, des sculptures en argile sont réalisées d'après les caractéristiques physiques des arhats décrits dans les écritures bouddhistes. Puis, l'extérieur des sculptures est enduit de lin collé avec de la laque sèche. Les sculptures sont ensuite peintes plusieurs fois avec un mélange de laque, de la chaux hydratée et de la poudre de bois pour façonner les détails. Après le séchage à l'ombre et le polissage, un petit trou est ouvert au dos de la statue, et de l'eau y est versée pour sortir le modèle en argile. Après, la statue est rebouchée avec un morceau de bois. À la fin, elle est successivement peinte avec de la laque sèche, de la poudre d'or et de l'huile d'abrasin pour maintenir la belle brillance. Une statue modelée de cette manière présente une couleur douce et délicate, mais aussi reste résistante à l'humidité et aux insectes ravageurs.

En 1954, la grande inondation ont submergé le Temple Guiyuan et les cinq cents statues des Arhats ont été trempés dans l'eau. Heureusement, les statues sortaient indemnes de l'inondation! Les anciens Chinois disaient que quand un bouddha d'argile traverse la rivière, il est incapable de se sauver soi-même. Mais aux yeux des Wuhanais, ce ne semble pas être un problème pour les Arhats dans le Temple Guiyuan.

Terrasse Guqin

 La rive est du Lac Yuehu, district de Hanyang, ville de Wuhan

Nommée aussi Terrasse Boya, la Terrasse Guqin est située sur la rive est du Lac de la Lune (Yuehu), au pied ouest de la Colline de la Tortue. Sa célébrité résulte du fait qu'elle est le berceau de la mélodie *Gaoshan Liushui* (Haute montagne et fleuve impétueux), l'une des dix plus belles mélodies traditionnelles chinoises. Il est difficile de vérifier de quand date la terrasse. Selon l'*Index calligraphique des Song*, la terrasse existait déjà à l'époque des Song du nord. Elle connût de nombreuses reconstructions à travers les dynasties en raison des destructions répétées dues aux incendies et aux guerres. La plus grande restauration eut lieu sous le règne de Jiaqing de la dynastie des Qing (1796-1820). Le rétablissement fut pris en charge par Bi Ruan, gouverneur général de la région Huguang. En 2e année du règne de Xianfeng (en 1852), la Terrasse fut incendiée dans la Rébellion Taiping. Au cours de la 8e et 20e année de Guangxu (en 1882 et 1894), le magistrat municipal de Hanyang, Long Renshan répara et restaura la terrasse, qui fut ruinée par suite dans la Révolution Xinhai. Elle fut rebâtie en 13e de la République de Chine (en 1924), et fut encore une fois détruite par le feu de l'armée japonaise dans la Guerre de résistance anti-japonaise. Onze ans après la bataille, la mairie de Wuhan a rétabli la terrasse en 1956 et en même temps a construit le Palais de la culture des ouvriers de Hanyang. Au début des années 1980, il y a eu une rénovation de grande envergure. A l'entrée au XXIe siècle, on a élargi la zone touristique du Lac de la Lune, a mis sur pied le théâtre Qintai et l'auditorium du même nom. Ainsi s'est faite la galerie de la culture Zhiyin, qui deviendrait ultérieurement un site culturel populaire de la ville de Wuhan.

Le complexe de la Terrasse Guqin couvre une superficie de 10 000 mètres carrés. Exposé au sud, il est composé de la salle d'entrée, du mur de paravent (destiné à arrêter les influences néfastes), de la galerie de stèles, du palais de luth et

11-1 La Terrasse Guqin

de la terrasse. Sur le linteau de la salle d'entrée figurent les trois caractères chinois « Terrasse Guqin », écrits par Yang Shoujing, un grand calligraphe. Quelques pas plus loin, sur le mur de paravent sont inscrits les 4 caractères « Yinxin Shiwu », c'est le manuscrit de l'Empereur Daoguang. Dans la galerie se dressent de nombreuses stèles sculptées aux différentes époques. Le palais, bâtiment principal, est de toit en demi-croupe avec simples avant-toits. croupe. Le toit en tuile vernissée, il est en brique et en bois. Avec une véranda du front et un cloître, il comporte 3 travées en largeur et 3 en profondeur. Sur l'architrave s'inscrivent « Haute montagne et fleuve impétueux ». Devant le palais se trouve une estrade carrée en marbre blanc. On dirait que c'est le site où Boya joue du luth Qin. Au milieu de l'estrade s'érige une stèle de 1,75m, sur laquelle sont gravés les deux caractères « Qin Tai » (Terrasse du luth chinois) et un relief qui représente Boya jouant du luth. L'estrade est enceinte d'une balustrade, sur laquelle est gravé un autre relief qui illustre Boya, de grande tristesse, cassant le luth pour rendre hommage à son ami intime.

Avec le toit vert et le mur rouge, le complexe se fait ressortir du bois de bambous aux alentours. Plus loin, il est pleinement intégré dans l'environnement végétal et aquatique de la Colline de la Tortue et du Lac de la Lune et offre un paysage grandiose et féerique.

La terrasse est de notoriété publique grâce à l'anecdote populaire qui raconte l'amitié entre Yu Boya et Zhong Ziqi, symbole de l'amitié intime fondée sur la pleine compréhension mutuelle. A la période des Printemps et des Automnes, le musicien du pays Chu, Yu Boya fut très versé dans les règles de musique. Mais ses œuvres furent trop élevées pour être comprises. Un jour, il exécutait un morceau intitulé « Haute montagne et fleuve impétueux », au pied de la Colline de la Tortue, au bord du Lac de la Lune. Un bûcheron au nom de Zhong Ziqi passait. Il appréciait les airs et discernait la bonne intention et la noble aspiration sous-jacentes. Surpris et ému, le musicien trouva en lui un confident qui comprenait ses talents. Au mépris de l'écart entre les couches sociales, les deux sympathisèrent et nouèrent une amitié pure et profonde. Au décès de Zhong Ziqi, Yu Boya, cœur brisé, cassa le luth et décida de ne plus en jouer.

L'anecdote est transmise de bouche à oreille et de père en fils. Les descendants sont tellement touchés par cette amitié qu'ils mettent en place la Terrasse Guqin pour la commémorer. Depuis lors, Zhiyin devient le synonyme de l'ami confident, le proverbe chinois « Gaoshan Liushui » (Haute montagne et fleuve impétueux) signifie l'amitié profonde.

11-2 La Terrasse Guqin et le Palais de luth

Bâtiments historiques de l'avenue Yanjiang

 L'avenue Yanjiang, ville de Wuhan

En 1865, les Britanniques construisirent une digue le long du Fleuve Yangtsé dans la concession britannique et pavèrent une rue sur le côté intérieur de la digue. Cette rue s'appelait Hejie, qui est aujourd'hui l'avenue Yanjiang (avenue le long du fleuve). Les bâtiments modernes le long de l'avenue Yanjiang furent principalement construits entre 1861 et 1938. Ce furent des banques, des entreprises, des restaurants et des résidences. Certains bâtiments existants sont authentiques, construits par les concessions, d'autres sont imités, construits par la capitale nationale. En 1858, durant la Seconde Guerre de l'Opium, le gouvernement Qing signa avec la Grande-Bretagne l'inégal *Traité de Tianjin*, ouvrant Hankou comme port de commerce extérieur. D'une ville commerciale traditionnelle, Hankou se transforma en une métropole marquée par la présence internationale : plusieurs concessions anglaise, russe, allemande, française et japonaise y furent progressivement ouvertes de 1861 à 1898. De nombreuses entreprises y furent implantées, de grands travaux y furent lancés. La zone urbaine de Hankou s'étendit ainsi d'ouest en est, de la rue Hanzheng, où le Fleuve Yangtsé et la rivière Han se rejoignent, à l'est du Temple Longwang (Temple du Dragon-Rois). Jusqu'en 1911, 14 pays, y compris la Grande-Bretagne, les États-Unis, la Russie, le Japon et l'Allemagne y ont établi des consulats. Les commerces, les échanges extérieurs et les constructions urbaines se développèrent rapidement à Hankou, qui deviendrait en 1926 la deuxième métropole la plus prospère de Chine, derrière Shanghai.

Les bâtiments occidentaux bien conservés sur l'avenue Yanjiang sont les suivants : Maison des douanes de Hankou, Compagnie de navigation Japon-Chine, Banque d'espèce de Yokohama, Butterfield & Swire, Citibanque, Banque HSBC, Compagnie de pétrole d'Asie, Bâtiment Xintai, Banque Dosson sino-russe (ancienne résidence de Song Qingling), Compagnie de navigation San peh, ancien Consulat américain à Hankou, CAB, Banque Lixing, Consulat allemand à Hankou, etc. Ces bâtiments ont tous été rénovés en 2001.

La Maison des douanes de Jianghan (douanes du Fleuve Yangtsé et de la rivière Han), également connue sous le nom de la Maison des douanes de Wuhan, est située à l'intersection de la rue Jianghan et de l'avenue Yanjiang. En 1861, Hankou fut ouvert comme port de commerce extérieur et les douanes de Hankou furent inaugurées l'année suivante, en 1862. Ce fut l'une des trois plus grandes douanes de Chine à cette époque-là (les deux autres furent les douanes de Jianghai à Shanghai, et celles de Yuehai à Guangzhou). Le bâtiment actuel des douanes de Jianghan a été construit en 1924. En béton armé, le bâtiment occupe une superficie de 1499 mètres carrés, pour une surface totale de 4109 mètres carrés. Le rez-de-chaussée est pour la moitié en sous-sol, le bâtiment principal a quatre étages et la tour de l'horloge a également quatre étages. La hauteur totale est de 40,6 mètres. C'était le plus haut bâtiment à Wuhan à ce jour-là et l'un des bâtiments emblématiques.

12-1 La maison des Douanes de Jianghan à Hankou

Les murs d'est, d'ouest et de nord sont garnis de colonnes en granit décorées de chapiteaux corinthiens. Les huit colonnes au mur nord font 1,5 mètre de diamètre et ont une hauteur impressionnante de quatre étages. La façade est symétrique avec la tour de l'horloge située tout au milieu. L'entrée principale se fait au premier étage. Il faut monter 28 marches pour y accéder. L'extérieur est de style Renaissance avec le mur, le pignon et l'arc semi-circulaire à l'entrée. Ouvert au sud, il est arrangé en cours triple, car il borde l'ancienne zone urbaine. Quant à la tour de l'horloge, il y a une échelle en acier pour atteindre le dernier étage ; au troisième étage, le mur de chaque côté est encastré d'un cadran d'horloge d'un diamètre de 3 mètres. 7 grandes horloges de différentes gammes sonnent les heures. La cloche sonne mélodieusement, et retentit dans les trois districts de la ville en pleine nuit.

La Compagnie de navigation Japon-Chine, également connue sous le nom de Société de commerce Japon-Chine, est située à l'angle de l'avenue Yanjiang et de la rue Jianghan. Elle était la plus grande compagnie maritime du Japon en Chine, principalement engagée dans le transport maritime sur le Fleuve Yangtsé et dans les régions côtières entre la Chine et le Japon. En 1914, elle possédait des dizaines de navires, représentant 27% du tonnage total des navires sur le fleuve. En 1930, elle

12-2 La Compagnie de navigation Japon-Chine (façade)

12-3 La Compagnie de navigation Japon-Chine (façade latérale)

atteignit son apogée. Après l'incident du 18 septembre, les Chinois boycottèrent les bateaux japonais et par conséquent le chiffre d'affaires de la compagnie chuta. Lorsque la guerre du Pacifique éclata en 1941, les navires japonais servirent uniquement l'armée japonaise sous l'ordre de l'Empereur japonais. Après la victoire de la guerre anti-japonaise, tous ses navires et ports furent transmis au gouvernement du Parti nationaliste de Chine.

Plan en L, le bâtiment avoisine à gauche la rue Jianghan, à côté de la compagnie Rixin et est adjacent à droite à l'avenue Yanjiang. L'entrée principale se fait au centre. Le mur extérieur est recouvert de granit jusqu'au toit, et les fenêtres sont en verre trempé. Au dernier étage, il y a un jardin en plein air. Aux deuxième et troisième étages se dressent des colonnes doubles aux deux côtés. Au rez-de-chaussée, il y a deux colonnes de porche, une à chaque côté, avec chapiteau ionien. Plusieurs marches mènent à deux portails laqués vermillon. Au coin, il y a une tour avec deux dômes byzantins.

L'ancien site de la succursale Hankou de la Banque d'espèces de Yokohama est situé au 2, l'avenue Yanjing à Hankou. C'est la première banque établie en Chine par une institution financière japonaise. Fondée à Yokohama, au Japon en 1880, la Banque d'espèces de Yokohama est l'origine de la Banque de Tokyo. Elle jouait un rôle important dans le commerce extérieur japonais, en particulier avec la Chine. Elle possédait des succursales dans plus de dix villes chinoises comme à Beijing

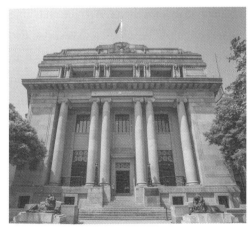

12-4 La Banque d'espèces de Yokohama (façade)

12-5 La Banque d'espèces de Yokohama (façade latérale)

et à Shanghai, dont la succursale de Hankou fut ouverte en 1907 au troisième quai de la concession britannique (à l'adresse actuelle). Après la capitulation du Japon en 1945, ses propriétés en Chine furent confisquées par le gouvernement du Parti nationaliste de Chine et son capital fut repris et géré par la Banque de Chine.

Le premier bâtiment de la succursale fut construit en 1894. De deux étages, il est en brique et bois. Il s'agit d'un mélange du style folklorique Yamato et celui d'Europe occidentale, avec le toit à la japonaise et la décoration murale à l'occidentale. L'ancien bâtiment fut démoli en 1921, un nouveau en béton armé fut construit à la place. Le nouvel édifice est de style néoclassique, avec 4 étages au-dessus du sol et un étage en sous-sol. Au coin, soit à l'intersection de l'avenue Yanjiang et de la rue Nanjing est aménagée l'entrée principale, de deux côtés de laquelle se dressent deux hautes colonnes. Les deux façades face aux rues sont rigoureusement symétriques. Le bâtiment est composé de 3 sections : le rez-de-chaussée est la fondation, les premier et deuxième étages sont le corps principal tandis que le troisième est l'avant-toit. Le mur est recouvert de granit jusqu'au toit, les colonnes doubles décorées de reliefs et au chapiteau ionien portent le parapet. Les deux côtés du bâtiment sont comme les ailes d'oiseaux, c'est le modèle classique de l'architecture européenne à l'angle des rues.

Situé au 140, l'avenue Yanjiang, Hankou, le bâtiment Butterfield & Swire sert actuellement de bureau d'ingénierie de la voie navigable sur le Fleuve Yangtsé de Wuhan. Baptisée aussi Swire Pacific Limited, Butterfield & Swire fut fondée à Liverpool en 1816 par l'homme d'affaires britannique John Swire. Arrivée en Chine en 1866, elle créa une succursale à Shanghai. Au cours des cinq années suivantes, Butterfield & Swire et sa subordonnée Compagnie de navigation Swire (dont le titre anglais est Swire Shipping Company) établirent des succursales ou des quai d'entrepôts à Qingdao, Yantai, Dalian, Yingkou, Tianjin, Tanggu, Zhangjiakou, Ningbo, Shantou, Guangzhou, Nanjing, Wuhu, Anqing, Jiujiang, Hankou, Shashi, Yichang, Chongqing, Changsha, Wuzhou et dans d'autres villes pour se lancer dans le commerce d'importation et d'exportation et les transports maritimes. Sa subordonnée à Hankou fut fondée en 1875. Finalement, elle ferma toutes les succursales et tous les bureaux en Chine continentale en 1953.

En 1911, la succursale Butterfield & Swire à Hankou n'était qu'un bâtiment de deux étages. Le bâtiment existant fut construit en 1918. Il s'agit d'une structure en brique-béton, avec quatre étages, le toit en croupe est couvert de tuiles rouges. Le bâtiment principal est recouvert de granit blanc, alors que le bâtiment annexe est en brique rouge. Le bâtiment est de style colonial sud-asiatique. Les quatre étages sont construits avec des galeries couvertes tandis qu'au rez-de-chaussée, la galerie est un espace vide articulé par des arcs et enceint par une balustrade. L'entrée principale fait saillie au centre et le porche est soutenu par deux colonnes romaines. Plusieurs marches mènent au portail en arc. Au-dessus du porche, il y a une terrasse.

Le bâtiment de la Banque Huaqi (The National City Bank of New York) est situé au 1e rue Qingdao à Hankou, à l'intersection de la rue Qingdao et l'avenue Yanjiang. La succursale de Hankou de la Banque Huaqi fut créée en 1910. Sur le siège, un nouveau bâtiment fut construit en 1913 et achevé en 1921. Le bâtiment existant de la Banque Huaqi est un bâtiment de deuxième génération. Pendant la Guerre anti-japonaise, il fut occupé par les Japonais et fut mis à la disposition de la banque Zhongjiang. Après la victoire de la Guerre anti-japonaise en 1945, il fut loué à la Compagnie pétrolière Mobil. Après 1949, il a été nationalisé et sert maintenant des bureaux de l'ICBC (la Banque industrielle et commerciale de Chine). Le bâtiment de la Banque Huaqi emploie une composition tripartite longitudinalement. Le rez-de-chaussée est la première partie, avec un mendou en saillie au milieu, soutenu par deux colonnes romaines et deux colonnes carrées modernes, des portes et des fenêtres avec voûtes et un espace intérieur à une grande hauteur. Du premier

12-6 Le bâtiment de Butterfield & Swire

12-7 La Banque Huaqi

étage au troisième étage, c'est la deuxième partie, et il y a huit épaisses colonnes romaines qui traversent le couloir horizontalement. Au-dessus de la corniche est la troisième partie. Tout le bâtiment est de style néoclassique nord-américain, avec des lignes simples et des formes solennelles.

Le bâtiment de la banque HSBC (The Hongkong and Shanghai Banking Corporation Limited) est situé au 143 sur l'avenue Yanjiang à Hankou, est maintenant le bâtiment de la succursale Hankou de la Banque Everbright de Chine. La banque HSBC fut fondée à Hong Kong en 1864, établit une succursale à Shanghai en 1866 et une succursale à Hankou la même année. À la fin de la dynastie des Qing, le volume du commerce extérieur de Hankou se classe au deuxième rang du pays, après Shanghai. Tous les droits de douane de Hankou furent déposés à la banque HSBC de Hankou, ainsi la banque HSBC s'appelait « le trésor public de la douane de Hankou ». De 1938 à 1945, le bâtiment de la banque HSBC était occupé par l'armée japonaise. Après 1949, à l'exception de Shanghai HSBC, les succursales de HSBC en Chine continentale ont fermé les unes après les autres. Le bureau de la première génération de la banque HSBC est une maison de deux étages en brique et bois du bâtiment de la Banque Huaqi. En 1913, un grand bâtiment fut construit à l'intersection de la rue Qingdao et de l'avenue Yanjiang et achevé en 1920. Il fut bombardé en 1944 et restauré en 1949. En 1999, La Banque Everbright de Chine

12-8 La banque HSBC

a investi pour une réparation complète. Le bâtiment de la Banque HSBC est l'un des bâtiments les plus magnifiques le long de l'avenue Yanjiang, avec des dômes et colonnes, des façades sculptées et simples, carrées et sublimes. La partie avant du bâtiment est dominée par deux salles d'affaires, la partie arrière sert de bureau, et la partie centrale est quatre chambres fortes avec une disposition compacte. Le plan principal du bâtiment est rectangulaire et l'élévation avant est rectangulaire. Il s'étend le long de la rivière, et la forme est stable, concise et ordonnée, avec un style architectural grec ancien. Il emploie une composition tripartite longitudinalement qui est divisé en base, corps et avant-toits. Il est divisé en cinq sections horizontales, la section centrale comme l'entrée principale fait saillie et des dizaines de marches pour entrer. Le rez-de-chaussée et le premier étage sont des colonnades en double hauteur, soutenues par dix colonnes ioniques et six piliers carrés, et des balcons avec des balustrades en pierre s'étendent entre les colonnes. Le deuxième étage est une colonnade carrée. Le mur extérieur est recouvert de granits jusqu'au sommet, le couloir intérieur est incrusté de lambris en marbre et la décoration intérieure est exquise et luxueuse.

12-9 La SARL de Pétrole Asiatique (façade)

12-10 La SARL de Pétrole Asiatique (façade latérale)

Le bâtiment de la SARL de Pétrole Asiatique (Asiatic Petroleum Co., Ltd) est situé à l'intersection de la rue Tianjin et l'avenue Yanjiang, 1 rue Tianjin. Maintenant c'est l'Hôtel Linjiang. La SARL de Pétrole Asiatique est une société pétrolière spéciale créée conjointement par la Compagnie britannique de transport et de négoce Shell et la Compagnie pétrolière royale néerlandaise en 1903. Son siège social est à Londres. Elle ouvrit une succursale à Hankou en 1912. Elle s'est retirée de Chine en 1954. La même année, elle a été annulée ce nom est unifié avec le head Inc la Compagnie pétrolière Shell de Hollande royale. Le bâtiment de la SARL de Pétrole Asiatique fut achevé en 1924 (on dit aussi en 1925), La structure en béton armé, la conception, la construction et la décoration étaient tous les travaux les plus exigeants à Hankou à cette époque-là. La conception du bâtiment a tenu compte étroitement de la topographie, le plan est un trapèze rectangle avec des coins arrondis comme entrée principale. Il a cinq étages, le mur extérieur est imité de granit et les coins sont protégés par des pierres d'angle. L'élévation avant emploie une composition tripartite horizontalement, mais la colonnade ou les pilastres ont été enlevés sur le mur extérieur et des fenêtres carrées sont ouvertes directement sur le mur. Des balcons de quatre étages de la face le long de la rue font saillie. Les détails des corniches, des linteaux de fenêtres, des balcons et des balustrades en fer à l'extérieur des fenêtres sont exquis et délicats, gardant des empreintes traditionnelles. La décoration intérieure et les installations ont été construites selon les normes les plus modernes de l'époque et étaient magnifiques. Tout le bâtiment a des fonctions raisonnables, simples et pratiques, est une œuvre représentative de l'architecture moderne de la première période.

Le bâtiment Xintai, également appelé le bâtiment Xintai du bureau russe du thé, est situé au 158 sur l'avenue Yanjiang, à l'intersection de la rue Lanling. Maintenant, c'est le bureau des matériaux de réserve du Hubei. L'usine des briques de thé Xintai fut fondée par des hommes d'affaires russes à Hankou en 1866. Cette usine et l'usine Shunfeng, l'usine de Buchang des briques de thé russes étaient les premières usines modernes de Wuhan. En 1890, l'usine des briques de thé Xintai célébra son 25e anniversaire. Le prince héritier russe Nicolas (l'empereur russe Nicolas II) vint à Hankou pour cette célébration et a été chaleureusement accueilli par Zhang Zhidong, gouverneur de Huguang. En 1921, l'usine des briques de thé Xintai démolit le bâtiment d'origine à son emplacement actuel et construisit un bâtiment en béton armé de cinq étages, qui fut achevé en 1924. En 1932, le bâtiment Xintai fut repris par les marchands de thé britanniques et fut rebaptisé l'Usine de thé en brique du Pacifique. Plus tard, il fut acheté par les Chinois et sous-loué à une société d'entreposage allemande. Après 1945, tout le bâtiment fut loué au Bureau des chemins de fer de Pinghan (Beijing-Hankou). À la fin du XXe siècle, il est devenu le local commercial du bureau des matériaux de réserve du Hubei. Le bâtiment Xintai a cinq étages, en béton armé, est de l'architecture néoclassique, mais en raison de quelques simplifications, il montre aussi des caractéristiques modernistes. Le plan est en trapèze, le coin en forme d'arc est le centre de la composition et l'entrée principale est installée, quatre pilastres ioniens qui traversent le premier étage et le deuxième étage. Il y a des balustrades en pierre blanche entre les piliers et le toit est équipé d'un tour du dôme. L'élévation a une composition tripartite, avec la frise horizontale divisée en deux parties. L'atrium du bâtiment a un escalier en marbre en colimaçon à l'attique.

Le bâtiment de la Banque russo-asiatique est situé au 162 sur l'avenue Yanjiang à Hankou, à l'intersection de la rue Lihuangpi, est maintenant le mémorial de l'ancienne Résidence de Song qingling à Hankou. En 1895, la Russie et la France créèrent la Banque Daosheng, dont le siège était à Saint-Pétersbourg. En 1896, le

12-11 Le bâtiment Xintai

12-12 La Banque russo-asiatique (ancienne résidence de Song qingling)

gouvernement Qing investit et forma conjointement la Banque russo-chinoise, qui était la première banque à capitaux mixtes sino-étrangère, connue sous le nom de « la banque Daosheng russo-chinoise », avec des succursales à Shanghai, Beijing, Hankou, Yingkou, Harbin. En 1910, la Banque Daosheng russo-chinoise fusionna avec la banque nord, une joint-venture russo-française, et changea son nom en Banque russo-asiatique. Le nom chinois restait inchangé. En automne 1926, toutes les succursales de la Banque russo-asiatique furent fermées. La même année, l'expédition du Nord entra à Wuhan et le bâtiment de la banque fut repris par le gouvernement national de Wuhan en tant que bureau du Ministère des finances. En 1927, Song qingling vint vivre ici pendant huit mois. En septembre de la même année, le gouvernement de Nanjing a établi la banque nationale, qui devint la succursale de Wuhan de la Banque centrale d'alors. Après 1949, ce bâtiment est devenu le bâtiment de bureaux de l'Usine pharmaceutique de Huajiang. En 2000, la Société Languang a créé un musée privé ici pour exposer des images et des objets anciens de Sun zhongshan et Song qingling. Maintenant, c'est le mémorial de l'ancienne résidence de Song qingling à Hankou. Le bâtiment de la Banque russo-asiatique fut construit en 1896, avec une structure en brique et béton, une composition tripartite, de style néoclassique. Le bâtiment est construit au coin de l'avenue Yanjiang et de la rue Lihuangpi, avec quatre étages au-dessus du sol et un sous-sol. Il y a des couloirs intérieurs du rez-de-chaussée au deuxième étage sur la façade gauche (du côté de la rue Lihuangpi) et du rez-de-chaussée au deuxième étage sur la façade avant (du côté de l'avenue Yanjiang), avec des pilastres carrés traversant les trois étages. Au coin des deux façades principales, il y a une tour de quatre étages avec un petit balcon au premier étage le long de la rivière. L'entrée principale est située sur le côté de l'avenue Yanjiang, huit marches pour entrer au rez-de-chaussée, et le porche du rez-de-chaussée est constitué de portes et de fenêtres en voûte. Tout le bâtiment a des murs épais, un espace élevé, une décoration intérieure et extérieure raffinée, montrant un effet vivant et lumineux.

Le bâtiment de la Compagnie de navigation à vapeur San Peh (San Peh Steam Navigation Co. Ltd.) est situé aux 166 et 167, avenue Yanjiang, à Hankou. En 1913, Yu Qiaqing, originaire du Zhejiang, a fondé la Compagnie de navigation à vapeur San Peh à Shanghai, en 1915, une succursale a été établie à Hankou. Lorsque la guerre anti-japonaise a éclaté en 1937, le gouvernement a réquisitionné

12-13 La Compagnie de navigation à vapeur San Peh (San Peh Steam Navigation Co. Ltd.)

plusieurs bateaux de la Compagnie de navigation à vapeur San Peh en les coulant dans le Fleuve Yangtsé pour bloquer la forteresse de Jiangyin et empêcher la marine japonaise d'attaquer Wuhan. En 1938, au moment de la chute de Shanghai, la Compagnie de navigation à vapeur San Peh a transporté du riz de Saïgon et Yangon à Shanghai et a escorté plus de 100 000 habitants à Ningbo via Shanghai. En automne 1940, Yu Qiaqing a quitté Shanghai pour Chongqing afin de continuer à diriger les opérations de transport maritime et de développer les opérations de transport terrestre. Il est mort à Chongqing en avril 1945. Après 1949, la Compagnie de navigation à vapeur San Peh a poursuivi son expansion à Hong Kong. Depuis 1953, le siège de la Compagnie de navigation à vapeur San Peh à Shanghai et d'autres succursales régionales sont devenus des entreprises mixtes.

Le bâtiment de la Compagnie de navigation à vapeur San Peh a été construit en 1922, Il avait quatre étages au début (le bâtiment a été surélevé d'un étage plus tard), avec une structure en brique-béton et un style décoratif. Il se compose d'un

12-14　Le Consulat américain à Hankou (façade)

12-15　Le Consulat américain à Hankou (gros plan)

12-16　Le Consulat américain à Hankou (façade latérale)

grand bâtiment rectangulaire et d'une tour semi-circulaire de cinq étages à l'angle. Il y a de longues fenêtres au premier étage, des balcons surplombants aux deuxième et troisième étages et des balcons fermés aux quatrième et cinquième étages.

Le bâtiment du Consulat américain à Hankou (The American Consulate in Hankou) est situé au 1, rue de l'ancienne gare (rue Chezhan) à Hankou, qui est maintenant le marché des ressources humaines de Wuhan. Le Consulat américain à Hankou a été ouvert en 1861. Il a d'abord été établi à Hanyang, puis déplacé au 1, rue de l'ancienne gare. En 1936, il a été siégé au quatrième étage de la Compagnie pétrolière d'Asie (Asia Oil Company). En décembre 1941, l'aéronavale japonaise a attaqué la base navale américaine au port Pearl Harbor. Les forces d'occupation japonaises à Wuhan ont fait irruption dans le bâtiment de la Compagnie pétrolière d'Asie, pour arrêter les fonctionnaires du consulat américain et les expulser de la frontière chinoise, le consulat a été fermé. Après la Seconde Guerre mondiale, le Consulat américain a rouvert ses portes en 1945. Mais il a fermé à nouveau le jour de la fondation de la République populaire de Chine (1er octobre 1949). Le Consulat général des États-Unis à Wuhan a rouvert en 2008.

Construit en 1905, ce bâtiment de trois étages possède une structure en brique et béton et un style baroque. C'est un bâtiment rectangulaire avec des formes irrégulières sur les bords. Le mur extérieur en brique rouge est décoré de lignes grises superposées. Les portes et fenêtres sont cintrées. Le bâtiment annexe fait face à l'avenue avec un parapet construit au bord d'un toit plat. L'entrée principale au milieu est la plus grande porte cintrée du bâtiment. Le bâtiment annexe a été utilisé comme une salle publique. Le bâtiment principal de trois étages avait un double usage : le bureau et la résidence. Recouvert de tuiles rouges, son toit en pente possède un parapet. Il y a une tour de quatre étages à l'angle. Les trois premiers étages de la tour sont en rond et le dernier étage est en octogone avec un toit plat et une clôture en fer forgé. L'ensemble du bâtiment est comme des vagues rouges, ondulantes et dynamiques.

La succursale de Hankou de la Banque de l'Indo-Chine est située au 171, avenue Yanjiang, à l'intersection de l'ancienne gare (rue Chezhan). C'est aujourd'hui le bâtiment de la Banque agricole de Chine. Investie et construite par plusieurs grandes banques françaises, la Banque de l'Indo-Chine a été créée en

12-17 La Banque de l'Indo-Chine

1875 et son siège était à Paris. Elle a commencé à financer les intérêts commerciaux français en Chine en 1888. Une succursale a été ouverte à Hong Kong en 1894 et une autre à Shanghai en 1899. La succursale à Hankou a été ouverte en 1902 en représentant tous les intérêts de la France à Wuhan. Plus tard, des succursales ont été ouvertes successivement à Tianjin, Guangzhou, Shenyang, Beijing, Mengzi et Kunming. Après 1949, toutes les succursales de la Bank de l'Indo-Chine se sont fermées en Chine continentale. En 1975, elle a fusionné avec la Banque de Suez et de l'union des mines et a changé son nom en Banque de l'Indochine et de Suez. En 1982, elle est retournée en Chine continentale. En août 2009, la Crédit agricole CIB (Banque de financement et d'investissement du groupe Crédit agricole) de Chine a été créée à Shanghai.

Le bâtiment de la Succursale de Hankou de la Banque de l'Indo-Chine a été construit en 1902. Cette magnifique architecture en brique et bois est de style rococo typique. Il consiste en un bâtiment rectangulaire composé de deux étages et d'un sous-sol. En raison de la structure symétrique, l'entrée principale est située au centre. La façade est horizontalement divisée en trois parties : la base en maçonnerie de pierre, le corps du bâtiment, la corniche horizontale et le parapet avec des piliers décoratifs en verre vert. Le mur extérieur en briques rouges contraste avec des

12-18　Racine & Cie. S.A

portes et fenêtres cintrées et les pilastres semi-circulaires en briques sculptées. Les pilastres du premier étage sont décorés de trois roses et les pilastres au deuxième étage, d'épis de blé et vagues blanches. Les sculptures en brique sont délicates et exquises.

Le Bâtiment Racine & Cie. S.A est situé au 183, avenue Yanjiang à Hankou. Il est aujourd'hui le Bureau de promotion des investissements de Wuhan. En 1893, la Société Racine Ackermann & Cie a été fondée à Shanghai par deux Français, G. Raci et G. Ackermann. Plus tard, des succursales ont été établies à Tianjin et Hankou, principalement engagées dans diverses activités d'importation et d'exportation. La société a changé son nom en Racine & Cie en 1910 et Racine & Cie. S. A. en 1923, mais le nom chinois est resté inchangé. En 1938, son commerce en Chine a été interrompu.

Construit en 1901, ce bâtiment en brique et béton se compose de quatre étages : trois étages et un sous-sol avec une structure. C'est une architecture classique de style colonial hollandais. La façade du bâtiment est composée de cinq parties divisées verticalement par des fenêtres. Il y a une légère convexité frontale au milieu et aux

12-19　L'ancien Consulat allemand

deux côtés. Le porche de l'entrée principale est de style dorique. Aux deuxième et troisième étages, il y a de grands balcons surplombants. Le mur en briques rouges à l'extérieur est recouvert de tuiles rouges sur la pente. Aux trois étages, il y a des couloirs voutés et des fenêtres en bois semi-circulaires.

L'ancien Consulat allemand est situé au 130, avenue Yanjing à Hankou et c'est aujourd'hui l'Hôtel de ville de Wuhan. En 1895, l'Allemagne a ouvert la concession allemande à Hankou, qui était la deuxième concession en Chine après celle de Tianjin, s'édentant de la rue Yiyuan à la rue Liuhe et du bord du Fleuve Yangtsé à l'avenue Zhongshan. En mars 1917, la Chine a annoncé sa participation à la Première Guerre mondiale. Lorsque la Chine a rompu la relation diplomatique avec l'Allemagne, la concession allemande de Hankou a été officiellement reprise par le gouvernement chinois.

Le Consulat allemand a été construit en 1895. Contrairement au style colonial britannique, français et sud-asiatique, cette architecture est de style colonial, mais sa tour de toit est de style byzantin. Orienté à l'est, le consulat qui fait face au Fleuve Yangtsé est entouré de grands jardins et d'espaces verts. Ce bâtiment est construit en brique et bois. Il est divisé en deux étages et un demi-étage souterrain, avec une décoration somptueuse et classique. De forme carrée, le Consulat allemand est entouré par les arcades de deux étages et les piliers doriques. Les murs extérieurs sont peints en jaune et le toit est recouvert de tuiles rouges.

L'entrée principale est située au milieu du demi-étage souterrain avec une petite pièce en saillie et des marches en pierre. Au centre du toit se situe une tour. Ses quatre fenêtres semi-circulaires de lumière sont ouvertes de tous les côtés. Le sommet est décoré de fleurs de style allemand. Chaque coin du toit se situe dans un pinacle à dôme. À côté du bâtiment principal se trouve un bâtiment annexe de deux étages construit en brique et bois. Le bâtiment annexe est similaire au bâtiment principal sauf qu'il n'a pas de tour.

Quartier historique de la rue Tanhuanlin

 Le pied nord de la Colline Huayuan et la Colline Pangxiejia, district de Wuchang, ville de Wuhan

« Tanhualin » était le nom d'une ancienne allée entre le pied nord de la Colline Huayuan (Colline du jardin) et la Colline Pangxiejia (promontoire du crabe), à l'intérieur de la Porte Wusheng, autrement dit Porte Caoduo, la porte nord-est de l'ancienne ville de Wuchang. Son histoire remonte en 4e année dans l'ère Hongwu sous la dynastie des Ming (en 1371). À partir de 1949, « Tanhualin » fait généralement référence à une zone urbaine partant de la rue Zhongshan à l'est, du pont Desheng à l'ouest, de la rue Liangdao au sud, du village Sanyi et du village Fenghuang au nord, y compris la rue Tanhualin. Pendant les dynasties des Ming et Qing, c'était le lieu où les Xiucai (bacheliers) dans la province du Hubei restait pour les examens, et sous la dynastie des Qing, c'était également le siège du tribunal militaire. En 1868, Alexander Williamson, évêque de l'Église épiscopale des États-Unis, vend à Wuhan de Shanghai pour acheter les terres de la Colline Huayuan et y construire des églises et des écoles. Depuis lors, des missionnaires d'Italie, de Grande-Bretagne, des États-Unis et de Suède vinrent pour propager la religion chrétienne, établir des écoles et exercer la médecine. La culture occidentale et l'idéologie bourgeoise y furent largement diffusées, et un grand nombre de groupes révolutionnaires composés de personnes anti-Qing et anti-féodales furent créés. Par exemple : Rassemblement de la Colline Huayuan dirigé par Wu Luzhen, Association Rizhihui dirigée par Liu Jingan, Groupement militaire de Huanggang dirigé par Xiong Shili et Association Qunxueshe dirigée par Liang Yaohan. Après l'ouverture du port Hankou, des commerçants chinois et occidentaux se réunissent également au quartier Tanhualin. Il devint progressivement un lieu où se heurtèrent et se mélangèrent les cultures chinoise et occidentale. Grâce à son bel environnement et de son architecture occidentalisée, les dignitaires étaient fiers d'y vivre. Après la Guerre de Résistance contre le Japon, le quartier Tanhualin se détourna de la prospérité au déclin, et de nombreux bâtiments anciens furent détruits. Au début du XXIᵉ siècle, la valeur historique et culturelle du quartier Tanhualin ont attiré l'attention du gouvernement municipal de Wuhan qui fait commencer la restauration du Quartier historique Tanhualin.

Il existe trois suppositions sur l'origine du nom Tanhualin. La première supposition est qu'il y avait beaucoup d'épiphylles. En chinois, « Tanhualin » signifie la forêt d'épiphylles. La seconde est que de nombreux fleuristes y vivaient. « Tanhua » signifie que chaque fleur se plante dans un pot et le Quartier « Tanhualin » devient une forêt des fleurs. La troisième est que « Tanhualin » est dérivée d'un terme bouddhiste. D'après la carte générale des rues de la province du Hubei en 9ᵉ année du règne de Guangxu sous la dynastie des Qing (en 1883), il existait de nombreux bâtiments bouddhistes dans ce quartier, tels que la salle Sanyi, la salle Lohan et le Temple Zhengjue. Tanhualin fut probablement nommé en raison de la prospérité des temples bouddhistes. Aujourd'hui, au quartier Tanhualin, on voit partout de petites boutiques et de cafés de styles différents, des lieux d'art tels que le Musée de l'Institut des Beaux-Arts du Hubei, des ateliers de broderie et des galeries.

13-1　Le Quartier Tanhualin I

Il est devenu un quartier artistique apprécié des touristes chinois et étrangers.

Le style architectural des bâtiments historiques du quartier Tanhualin est une fusion de l'architecture traditionnelle chinoise et de l'architecture occidentale. Il y a des édifices religieux tels que Église chrétienne Chongzhen, Église de la Sainte-Famille sur la Colline Huayuan, Bâtiment des bureaux de l'évêque du diocèse d'Italie sur la Colline Huayuan, la Chapelle des Filles de la charité Canossiennes sur la Colline Huayuan, Église de Noël dans la rue Tanhualin, Quartier missionnaire de Svenska Missionskyrkan à Tanhualin, Immeuble d'habitation des prêtres de la paroisse suédoise, etc. Il y a l'Hôpital Renji de Wuchang, qui était autrefois l'Hôpital missionnaire de Londres, l'École Boone (École Wenhua) fondée par l'Église épiscopale des États-Unis en tant que l'origine de l'Université normale de Chine centrale, le Collège privé de Wuhan fondé par Dong Biwu, Chen Tanqiu, Li Hanjun, etc. Il existe également de nombreuses anciennes résidences de célébrités, telles que les Bâtiments d'enseignement de l'Université de Chine centrale, la Maison de Xu Yuanquan et la Maison de Liu Gong. Ces bâtiments mi-chinois et mi-occidentaux sont un bon témoignage historique du processus de développement social.

13-2   Le Quartier Tanhualin

13-3 L'Église chrétienne Chongzhen (l'extérieur)

13-4 L'Église chrétienne Chongzhen (l'intérieur)

  Située au 2, rue Tanhualin, l'Église chrétienne Chongzhen est la première église chrétienne fondée par le célèbre missionnaire Griffith John après son arrivée à Wuhan. Reconstruite en 1924, elle pouvait accueillir 500 personnes en même temps pour la messe. Les activités religieuses y furent cessées en 1956 et furent reprises en 2000. L'église est de plan de croix latine (la branche inférieure est plus longue).

13-5 L'Église de la Sainte-Famille sur la Colline Huayuan à Wuchang (l'extérieur)

13-6 L'Église de la Sainte-Famille sur la Colline Huayuan à Wuchang (l'intérieur)

Les portes et les fenêtres présentent des arcs gothiques en ogive, et sont incrustés de vitraux. C'est un bâtiment sobre à l'extérieur et à l'intérieur.

Située au 2, sur la Colline Huayuan à Wuchang, appelée aussi l'Église catholique de la Colline Huayuan, l'Église de la Sainte-Famille est le centre du diocèse de Wuchang pour les franciscains d'Italie. Il appartient aujourd'hui à l'Institut de théologie et de philosophie du centre-sud. L'édifice fut construit par l'évêque Vincenzo Epiphane Carlassare en 1889. Il fallut deux ans pour achever la construction et coûta dix mille taels d'argent. Orienté de nord en sud, l'église de la Sainte-Famille a une surface d'environ 600 mètres carrés. En brique et bois, elle est de style basilique romaine, avec murs épais et petites fenêtres. Reposé sur les pilotis, des contreforts soutiennent la structure sur les côtés. À l'extérieur, on observe des arcs en plein cintre et des pignons. Sur la façade, on remarque la rosace au centre de laquelle il y a un cadran solaire. À l'intérieur, on traverse la nef principale dont le plafond est sculpté à la feuille d'or pur et qui peut accueillir 1000 personnes en même temps.

Situé au 2, sur la Colline Huayuan à Wuchang, les bureaux de l'évêque du diocèse d'Italie sert maintenant de dortoirs pour l'Institut de théologie et de philosophie du centre-sud. En 1862, Eustachio Vito Modesto Zanoli, évêque franciscain d'Italie de la zone pastorale de la province du Hubei, acheta un grand

13-7 Le Bâtiment des bureaux de l'évêque du diocèse d'Italie sur la Colline Huayuan

terrain sur la Colline Huayuan, chargea son successeur Jiang Chengde de concevoir et construire un bâtiment abritant la résidence et les services de l'Évêque. Le bâtiment se trouve sur la colline à côté de l'église de la Sainte-Famille. Fabriqué en brique et bois, il est de style romain classique. Le bâtiment est très large, avec des ailes étendues aux deux côtés. Érigé sur la plateforme, il a deux étages au-dessus du rez-de-chaussée, comptant plus de 40 chambres. Les deux étages comportent un couloir. Au premier étage, la galerie présente des arcs en plein cintre tandis que celle au deuxième étage est ornée de fenêtres carrées. Sur la façade, au centre du pignon est installée une horloge. Dans le bâtiment, il y a une bibliothèque avec des milliers de volumes de livres écrits en chinois et en langues étrangères.

La Chapelle des Filles de la charité Canossiennes sur la Colline Huayuan se trouve maintenant derrière le dortoir du personnel de l'Université de médecine traditionnelle chinoise du Hubei. La chapelle fut conçue par Jiang Chengde, l'évêque de la zone pastorale de la province du Hubei oriental. Sous sa supervision, la construction fut achevée en 1888. Orienté d'ouest en est, c'est un bâtiment oblong d'un seul étage. En brique et bois, il couvre une superficie de 150 mètres carrés, abritant la statue de Jésus ressuscité au centre, et celle de Saint Joseph et de la Vierge Marie sur les deux côtés. Depuis 1951, il perd sa fonction religieuse et ne sert plus d'église.

L'Église de Noël est située au campus de l'Université de médecine traditionnelle chinoise du Hubei et sert aujourd'hui d'auditorium de la faculté. Elle fut construite

13-8 La Chapelle des Filles de la charité Canossiennes sur la Colline Huayuan

13-9 L'Église de Noël dans la rue Tanhualin

par l'Église épiscopale américaine en 1870 et reste un bâtiment historique. En brique et bois, elle occupe une superficie de 533 mètres carrés. C'est un bâtiment oblong d'un seul étage avec le porche en saillie et le pignon sur la façade. Comme le temple grec ceinturé d'une galerie, l'église est encadrée de colonnes sur trois côtés. Sa majesté grave et solennelle en impose.

L'Église épiscopale américaine fut introduite en Chine en 1835. En juin 1868, l'évêque de l'Église épiscopale de Shanghai, Williams vint à Wuhan par bateau avec ses deux collègues et installa des chapelles dans la rue Tanhualin à Wuchang, rue Minsheng et Poyang à Hankou pour commencer les activités missionnaires. De 1868 à 1951, l'Église épiscopale américaine construisit quatre églises ou chapelles à Wuhan, y installa deux établissements de l'enseignement supérieur, quatre lycées et un hôpital. La plupart de ses prêtres suivirent les études supérieures, comme l'évêque Williams qui fut le premier évêque américain à Wuhan, L.H.Roots-l'évêque du diocèse du Hubei et Hunan, ainsi que l'évêque Alfred Alonzo Gilman (au nom chinois Meng Zuoliang), président intérimaire de l'Université de la Chine centrale, l'origine de l'Université normale de la Chine centrale.

13-10 Le Quartier missionnaire de Svenska Missionskyrkan

Le quartier missionnaire de Svenska Missionskyrkan se trouve aux 92-108 rue Tanhualin. En tant que le plus grand immobilier de Suède en Chine à l'époque, le complexe comporte le portail, le bâtiment de l'évêque, le consulat, la maison des clergés et le collège de Vérité, etc. Construit le long du pied sud de la Colline Fenghuang (Colline du Phénix), le complexe est séparé de l'extérieur par un mur, l'entrée est un portail traditionnel chinois. Le bâtiment de l'évêque est situé au 95, rue Tanhualin. C'est un bâtiment en brique et en bois, de trois étages, avec les deux ailes incurvées. Il y a deux greniers sur les murs-pignons à l'est et à l'ouest, et un grenier sous le comble au nord et au sud. L'arêtier a la forme d'une ligne brisée à plusieurs pentes et le toit est de tuiles rouges. Le mur extérieur a des arcs. Dans une position dominante, le bâtiment est d'une impétuosité irrésistible. Situé au 95, rue Tanhualin, le consulat de Suède était au service des clergés. Le bâtiment a cinq travées de large et la galerie présentait des arcs délicats. Mais malheureusement, la galerie est aujourd'hui totalement bloquée et le mur est sérieusement endommagé.

Situé au 68, rue Tanhualin, l'immeuble d'habitation des prêtres de la paroisse suédoise est maintenant un café intitulé Rongyuan. Il a été construit en 1920 et fait face au complexe de Svenska Missionskyrkan. En brique et en béton, l'immeuble comporte deux étages, avec les fenêtres et les portes toutes carrées. Le toit à pentes est de tuiles rouges, il y a des lucarnes. Le mur extérieur est alterné en brique rouge et en brique cyan. La galerie est composée de cinq arcs de même taille, soutenus par des piliers carrés. Une balustrade en fer est fixée entre les piliers.

13-11　L'Immeuble d'habitation des prêtres de la paroisse suédoise

13-12　L'hôpital Renji

L'Hôpital Renji de Wuchang est situé sur le campus de l'Hôpital de médecine traditionnelle chinoise du Hubei, du côté sud-est de l'intersection de la rue Yanzhi et la rue Tanhualin. L'hôpital Renji fut fondé en 1895 par le pasteur Yang Gefei de la Société missionnaire de Londres, et il est bien conservé jusqu'à présent. Le service ambulatoire et le service d'hospitalisation de l'hôpital sont en brique et bois avec deux étages. Le cloître du rez-de-chaussée du service ambulatoire contient des voûtes romanes successives, et le premier étage contient un ordre dorique simplifié avec des portes voûtées, des fenêtres carrées et des dessins ornementaux circulaires sur les murs où il y a des mots « 1895 » gravés. Du côté est, il y a une passerelle reliant le service d'hospitalisation, et le toit en pente de tous les côtés est couvert de tuiles rouges. Le plan du service d'hospitalisation est en caractère chinois 凹, avec une cour en contrebas au milieu et des cloîtres de tous les côtés. Depuis 1868, le pasteur Yang Gefei établit un hôpital à Tanhualin dans le but de fournir des soins médicaux aux civils. En 1895, il fut construit en foyer de style classique. En plus du diagnostic et du traitement courants, en 1911, l'Hôpital Renji traita des civils et des soldats blessés lors de la révolution de 1911. En 1931, il y eut une grave inondation à Wuhan, la Société missionnaire de Londres institua un organisme de secours de sinistrés et organisa des collectes de fonds et des secours. En 1953, l'Hôpital Renji a été repris par les départements concernés.

L'École Wenhua est située sur le campus de Tanhualin de l'Université de médecine traditionnelle chinoise du Hubei. Il fut fondé en 1871 par l'Église

13-13 La faculté des sciences de L'Académie Wenhua

13-14 Le Gymnase Zhai Yage (James Jackson)

13-15 Le séminaire de l'Académie Wenhua

13-16 La faculté de lettres de l'Académie Wenhua

épiscopalienne des États-Unis. C'était la première école de Wuhan fondée par les églises étrangères. En 1871, l'évêque Wei Lianchen de l'Église épiscopale des États-Unis fonda une école de garçons dans la rue Qinglongxiang de Wuchang. Le nom anglais de l'école était The Boone Memorial School pour commémorer le premier missionnaire de l'Église épiscopale des États-Unis, l'évêque William Jones Boone. En 1872, l'école déménage à Tanhualin, qui fut nommée Wenhua shuyuan (École Wenhua) en 1873, et son nom anglais reste inchangé. En 1890, l'École Wenhua fut transformée en école d'enseignement général européen-américain. En 1903, le département du premier cycle universitaire fut créé. En 1909, l'Université Wenhua fut officiellement enregistrée auprès du gouvernement américain. En 1924, l'Université Wenhua fusionna avec le département du premier cycle universitaire de l'École Wesles de Wuchang (fondée par l'Église méthodiste de Grande-Bretagne) et le département du premier cycle universitaire de l'École Griffith John (fondé par la Société missionnaire de Londres en 1899) pour former l'Université de Chine centrale. En 1929, il fut fusionné avec le département du premier cycle universitaire de l'École Hubin de Yueyang et l'Université Yali de Changsha. Les présidents de l'École Wenhua (Université Wenhua) et leurs mandats étaient : l'évêque Wei Lianchen et autres (1871-1903), Zhai Yage (James Jackson) (1903-1917), Meng Liangzuo (Alfred Alonzo Gilman) (1917-1924); les présidents de l'Université de Chine centrale et leurs mandats sont : Meng Liangzuo (1924-1929), Wei Zhuomin (1929-1951). En 1951, l'Université de Chine centrale a été reprise par le gouvernement de la République populaire de Chine et a été transformée en École normale supérieure de Chine centrale, qui est maintenant l'Université normale de Chine centrale, et a ensuite déménagé de la Colline Huayuan à la Colline Guizi. L'ancien campus a été divisé par l'Université de médecine traditionnelle chinoise du Hubei et l'Institut des Beaux-Arts du Hubei. L'École Wenhua possédait un bâtiment d'enseignement, une bibliothèque, un gymnase, des dortoirs de professeurs et d'étudiants, un château d'eau et d'autres bâtiments. Les bâtiments importants conservés jusqu'à présent comprennent le Gymnase Zhai Yage (James Jackson Memorial Gymnasium), il y a encore l'Église de la Nativité, les dortoirs de filles, la faculté de lettres, la faculté de droit et la faculté d'éducation, etc. Le Gymnase Zhai Yage est devenu un maintenant le gymnase de l'Université de médecine traditionnelle chinoise du Hubei. Il fut construit en 1921 et portait le nom du président de l'Université Wenhua, Zhai Yage. Le gymnase est en brique et bois, de style architectural chinois et occidental à deux étages. Le mur extérieur est en brique de parement rouge, le toit ressemble à l'ancien toit de style Song de la Chine, avec un double avant-toit et des tuiles vernisées. Les piliers, les balustrades, les architraves et les renforts d'angle sculpté sur la façade sont tous de styles traditionnels chinois. L'entrée principale au rez-de-chaussée est une porte voûtée, les fenêtres carrées avec des pétales de fleur de prunier aux quatre coins. Le couloir extérieur au premier étage a des colonnes et la tête dans la colonne est d'un style de colonne ornementale chinoise.

Le bâtiment d'enseignement de l'Université de Chine centrale (Maison Pu), l'ancienne maison de Qian Jibo, est maintenant situé dans l'Institut des Beaux-Arts du Hubei. Le bâtiment fut construit en 1936 et rénové en 2002. C'est une villa à l'américaine nommée d'après un micocoulier devant la maison. Ce bâtiment à deux étages a été construit en brique-béton, avec tuiles en pente et larges avant-toits, une cheminée à l'intérieur et une terrasse au-dessus. Le mur est inégal, le mendou[1] est demi-dépassé, la porte vitrée avec une voûte et le vestibule est spacieux. Qian Jibo est né à Wuxi du Jiangsu, son père était un spécialiste du chinois classique et

---

[1] Petite pièce construite devant la porte d'un immeuble ou d'une grande salle pour l'abriter du vent et du froid.

13-17　Le bâtiment des professeurs l'Université de Chine centrale (la maison de micocoulier)

13-18　Le bâtiment des professeurs de l'Université de Chine centrale (la maison d'orme)

historien bien connu de la République de Chine. En 1946, il y vint pour enseigner sur l'invitation de Wei Zhuomin, président de l'université de Chine centrale, et y a vécu jusqu'à sa mort en 1957. Le bâtiment des professeurs (Maison Yu) de l'Université de Chine centrale a un style architectural similaire à la Maison Pu, nommé d'après un orme devant la maison.

Le Collège privé de Wuhan est situé au 275 dans la rue Liangdao à Wuchang, est maintenant le Collège de Wuhan. Le collège fut fondé par Dong Biwu dans le

13-19　Le Collège privé de Wuhan (photo sur Internet)

13-20 La Résidence de Xu Yuanquan

13-21 Le chapiteau romain de la Résidence de Xu Yuanquan

but de propager le marxisme et de répandre une nouvelle culture. Dong Biwu, Chen Tanqiu, Li Hanjun, Liu Zitong, Chen Yinlin, Wang Zhongyou enseignèrent ici, et Li Dazhao et Yun Daiying vinrent donner des conférences. L'école conserve encore une partie du bâtiment en tant que « le mémorial du collège privé de Wuhan ». Le mémorial est en brique et bois avec un rez-de-chaussée, un toit en pente, des murs blancs, des fenêtres carrées et des piliers rouges.

La Résidence de Xu Yuanquan est située entre le dortoir des cadres de la police du Hubei et le 14ᵉ Collège de Wuhan. Xu Yuanquan était un haut général du Guomindang, puis a quitté l'armée et s'est engagé dans les affaires. Il est un industriel célèbre du Hubei et s'est rendu à Taiwan en 1949. On dit que la splendeur de la résidence de Xu Yanquan était incomparable aux résidences privées de riches fonctionnaires à proximité. La résidence fut construite vers 1930, quand il y avait un grand jardin en plus d'un petit bâtiment de style occidental. Le petit bâtiment de style occidental est en brique-béton, de style villa classique européenne de deux étages. Le mur extérieur est en brique de parement rouge, les bâtiments gauche et droit sont octogonaux. Il y a six marches en pierre menant au mendou, et il y a une colonne romaine à chaque côté, et la tête des colonnes est décorée d'herbe bouclée.

La résidence de Liu Gong est située au 32 dans la rue Tanhualin, construit en 1901, est maintenant une résidence privée. Originaire de Xiangyang du Hubei,

Liu Gong adhéra à la Ligue jurée en 1905 et fut le premier ministre du Bureau préparatoire de politique de l'Armée révolutionnaire du soulèvement de Wuchang et le commandant général de l'aile gauche de l'armée de l'expédition du Nord. Le drapeau militaire à dix-huit étoiles en neuf angles de la Révolution chinoise de 1911 naquit dans la résidence de Liu Gong. La résidence fait face au nord, avec un style de cour, une porte de cour chinoise et un corps principal occidental. Il y a deux patios dans la cour. La porte de la cour chinoise, les deux chambres latérales et le corps principal occidental sont entourés pour former le patio de devant. Le vestibule de la porte arrière et les chambres latérales forment le patio arrière avec le bâtiment principal. Il y a deux piliers dans le vestibule de la porte de devant à deux côtés duquel il y a des bâtiments octogonaux de style occidental.

13-22 La porte de la Résidence de Liu Gong

13-23 La Résidence de Liu Gong

Église catholique Saint-Joseph et le Collège de filles Saint-Joseph

 Le 16, rue Shanghai, district de Jiangan, ville de Wuhan

L'Église catholique Saint-Joseph se situe au 16 dans la rue Shanghai à Hankou, est également appelée Église Saint-Joseph ou Église catholique de rue Shanghai. Elle fut construite en 1876 et le coût de la construction était 120 000 francs. En 1866, l'évêque de l'Ordre des frères mineurs de l'Église catholique italienne Eustachio Vito Modesto Zanoli acheta un terrain dans la rue Shanghai. En 1874, il chargea le missionnaire italien Angelus Vaudagna de concevoir et de superviser la construction de la maison, la construction de l'église en 1875, achevée en 1876. En 1880, l'Hôpital de l'Église catholique fut fondé sur le côté gauche de l'église Saint-Joseph, qui est maintenant l'Hôpital central de Wuhan. Jusqu'à sa mort en 1883, l'évêque Eustachio Vito Modesto Zanoli était responsable du diocèse catholique italien de Wuchang et Hankou. Ensuite Graziano Gennaro prit la relève en tant qu'évêque et fonda pendant son mandat les Sœurs de la charité chinoises d'éducation des enfants, le Collège de littérature catholique de Wuchang, l'École spécialisée de la langue française de Hankou et le Collège de filles de Hankou Saint-Joseph. En 1923, deux districts religieux furent divisés pour gérer les différentes régions du Hubei : l'un était le vicariat apostolique de Hankou dans la rue Shanghai, qui était l'archidiocèse de Hankou, et l'autre était le vicariat apostolique de Wuchang sur la Colline Huayuan. Depuis 1952, les communautés catholiques de Chine continentale ont rompu tous les liens organisationnels avec la curie romaine (le Saint-Siège). Dans les années 60, l'église a été détruite. À la fin de 1979, l'église est reprise et restaurée.

L'Église catholique Saint-Joseph est construit en briques et bois. Elle présente le style classique romain et comporte deux étages. Elle couvre une superficie de 1024 mètres carrés et peut accueillir 1000 personnes en même temps. C'est la plus grande église de Wuhan en terme de superficie. Le plan du bâtiment est en croix

14-1　L'Église catholique Saint-Joseph (façade)

latine, la façade extérieure est le grand fronton, des colonnes carrées collées au mur, en style de Brasilia. Tuiles en pente, au derrière du toit, il y a un beffroi circulaire à gauche et à droite, dont l'un a été détruit par l'armée de l'air américaine en 1944. Les deux portes en bois en bas-relief marron à l'entrée principale sont expédiées de l'Europe à Hankou. L'intérieur est une salle à trois arcades, la salle mesure 40 mètres de long et 26 mètres de large, la grande salle centrale mesure 14 mètres de large, du bas du sol au haut de la salle, la hauteur est de 22 mètres. Sur le côté droit de l'église, il y a un jardin reliant la maison de l'évêque, les dortoirs des prêtres. L'Église Saint-Joseph est la plus grande église catholique de Wuhan. Elle a été achevée 15 ans avant l'Église de Sainte-Famille de la Colline Huayuan. Les deux sont appelés « églises jumelles » en raison de leurs styles architecturaux similaires.

Le Collège de filles de Saint-Joseph est situé au 222 dans la rue Zizhi à Hankou, il est maintenant le 19e Collège de Wuhan. En 1911, l'évêque Graziano Gennaro du diocèse catholique italien de Hankou invita Bai Bo'ai, le doyen de la maison des moniales de Canossa, à venir en Chine pour diriger une école. Le site d'origine de l'école était situé dans ce couvent canossien, 21 de la rue Poyang (maintenant

Église catholique Saint-Joseph et le Collège de filles Saint-Joseph

14-2 L'Église catholique Saint-Joseph (façade latérale)

14-3 Le Collège de filles Saint-Joseph

inexistant). En 1921, il déménagea sur le site actuel de l'école dans la rue Zizhi et s'agrandit, il devine une école laïque et constitua le dossier au gouvernement chinois de l'époque. Le bâtiment de l'école fut construit en 1925 pour un coût de 190 000 monnaies d'argent. Il comprend une salle physique et chimique, un laboratoire, une salle de couture, un petit musée, une bibliothèque, une salle d'art, une salle de musique, un dortoir, une cantine et une salle de bain, le grenier est la chambre pour les religieuses. En 1935, Wu Guozhen, le maire de la ville de Hankou signa une directive gouvernementale autorisant l'école à établir un dossier et inscrire, le nom complet est le collège privé de filles de Saint-Joseph de Hankou. Pendant la période d'occupation de Wuhan, l'armée japonaise demanda d'ajouter des cours de japonais et embaucha des professeurs japonais pour participer à l'enseignement. En 1952, l'école a été reprise par le gouvernement populaire et a d'abord été transformée en 4e Collège de filles de Wuhan, puis le 19e Collège de filles de Wuhan. En 1968, il est devenu une école mixte et a été rebaptisée le 19e Collège de Wuhan.

Le bâtiment d'enseignement du Collège de filles Saint-Joseph est en brique-béton de quatre étages de style Renaissance. Le plan est en forme de U, avec une disposition de couloir intérieur symétrique, avec l'entrée principale au centre et des couloirs sur les deux ailes. La façade emploie une composition tripartite : à l'entrée principale de la façade, le mendou est soutenu par deux piliers romains et sur lequel il y a un petit balcon de 5 mètres carrés. Les trois travées du milieu sont les colonnades, du premier au deuxième étage côte à côte avec quatre colonnes romaines traversant les deux étages. Le mur extérieur en briques de parement, des fenêtres carrées avec des stores en bois, les tuiles rouges sur le toit en pente et le grand fronton au milieu de l'avant-toit. Avec des murs rouges, des frontons, des colonnes, la ligne de toit, la frise horizontale sont tous blancs, tout le bâtiment est magnifique et élégant.

Temple Gude

 Le 74, rue Huapo, district de Jiangan, ville de Wuhan

Le Temple Gude est situé au 74, rue Huapo à Wuhan. Il fut construit par le moine Longxi en 3ᵉ année du règne de Guangxu (en 1877) sous la dynastie des Qing. Il s'appelait à l'origine « Chaumière Gude ». Il fut agrandi pour la première fois en 31ᵉ année du règne de Guangxu (en 1905) et la salle Mahavira fut achevée en 1913 et il fut renommée Temple Gude en 1914. Le deuxième agrandissement du temple commença en 1919 et d'autres salles auxiliaires telles que la salle des quatre rois célestes, la salle du Guanyin et le pavillon de stockage des sutras ont été construites. Le troisième agrandissement fut réalisé de 1921 à 1934, l'ancienne salle Mahavira a été transformée en grand palais bouddhiste d'un style différent.

Orienté à l'ouest, le Temple Gude couvre maintenant une superficie d'environ

15-1   La salle Mahavira

15-2 La salle des quatre rois célestes

30000 mètres carrés, avec une zone de construction de près de 8000 mètres carrés. Les bâtiments sur l'axe central sont la porte principale, la salle des quatre rois célestes, le palais Yuantong. Sur la gauche se trouvent la salle du supérieur du temple, la salle Juehuan, la salle du Guanyin et le pavillon de stockage des sutras, et sur la droite, les chambres des moines, la salle de réception et la salle à manger. Au-dessus de la porte principale, il y a une tablette horizontale portant une inscription de caractères chinois « Temple Gude » écrite par Li Yuanhong, ancien général et homme politique chinois. La salle des quatre rois célestes est d'un style architectural traditionnel : large de cinq travées et profond de cinq travées, cet édifice rectangulaire a un toit à pignon affleurant. Le toit recouvert de tuiles rouges repose sur 30 piliers de bois d'une structure de colonnes et d'attaches. Le palais Yuantong, salle principale du temple, fut construit selon le style du Temple Alantuo au Myanmar. Orienté à l'ouest, le palais en forme de carré est construit en béton armé avec une base en granit. Chaque arcade en ogive, ornée de vitraux ronds, se compose de trois colonnades sur lesquelles repose l'arc brisé combiné par des arcs sagittaux.

Le toit est plat, l'avant-toit est large. Sous l'avant-toit, il y a des sculptures en pierre et sur l'avant-toit, un parapet. Sur le toit, il y a neuf pinacles symbolisant les cinq dhyani bouddhas et les quatre bodhisattvas[1]. Autour des pinacles, il y a 96 culées de lotus et 24 statues de protecteurs du dharma. Soutenu par des piliers en pierre de granit, le grand palais abrite les trois bouddhas dorés : Sakyamuni, Bhaishajyaguru (Bouddhas de Médecine) et Maitreya. Derrière les trois bouddhas dorés, se trouvent la triade de la Terre Pure de l'Ouest. Dans les deux couloirs, il y avait les statues de Manjusri, de Samantabhadra et de 25 bodhisattvas décrits dans Shurangama Sutra, mais ces statues furent détruites pendant les années 60-70 du siècle dernier.

Différente à des temples bouddhistes traditionnels, le Temple Gude fut construit selon le style des temples bouddhistes au Myanmar ou en Inde dans une combinaison erratique de tous les styles architecturaux et traditions imaginables : roman, byzantin, gothique, musulman. Cependant, le palais Yuantong du Temple Gude a également ses propres caractéristiques, telles que les pinacles au sommet du palais, l'architecture de la porte principale et des colonnades. En bref, le Temple Gude a des caractéristiques multiculturelles : il possède non seulement les éléments artistiques de l'architecture bouddhiste typique de l'Asie du Sud-Est, mais également les éléments des anciennes églises romanes et gothiques occidentales.

Pourquoi le Temple Gude fut nommé par Li Yuanhong, le chef du gouvernement militaire républicain ? Après le soulèvement de Wuchang d'octobre 1911, le gouvernement Qing envoya des troupes à Wuhan pour réprimer l'armée révolutionnaire. Comme le chemin de fer le long de Liujiamiao près de la Chaumière Gude était le seul passage pour les troupes Qing, elle devint le champ de bataille. Sous la direction du maître Changhong, les moines de la Chaumière Gude firent toutes les forces pour sauver les blessés de l'armée révolutionnaire et enterrèrent les martyrs dans le champ de légumes derrière la chaumière. L'année suivante, Sun Zhongshan y fit une visite spéciale pour rendre hommage aux moines de la Chaumière Gude. En 1914, Li Yuanhong dédicaça le nom du Temple Gude pour récompenser sa contribution pendant la résistance aux attaques de l'armée Qing.

---

[1] Ce sont 观音 Avalokiteshvara, 普贤 Samantabhadra, 文殊 Manjushri et 地藏 Kshitigarbha.

Église orthodoxe de Hankou

 Le 48, rue Baiyang, district de Jiangan, ville de Wuhan

Appelée aussi l'Eglise orthodoxe russe, l'Eglise orthodoxe de Hankou est située au 48, rue Baiyang à Hankou. Il s'agit de la seule église orthodoxe russe à Wuhan. Sa naissance est étroitement liée au commerce du thé entre la Chine et la Russie. Depuis l'ouverture de Hankou comme port commercial en 1861, les Russes

16-1 L'Église orthodoxe russe

développèrent largement le commerce théier en Chine. En 1873, trois usines russes du thé en brique s'installèrent successivement à Hankou. Ainsi y explosa le nombre des émigrés russes. En 1891, le prince russe Nicolas, ultérieurement l'empereur Nicolas II, fut invité à la célébration du 25e anniversaire des usines russes du thé à Hankou. Voyant le nombre croissant des compatriotes, il suggéra de construire une église russe. A son initiative, on a entrepris la construction et a pu achever deux ans plus tard. À cette époque-là, au lieu d'un endroit public de culte, elle ne servit que la communauté russe. En 1949, les clergés russes orthodoxes quittèrent la Chine les uns après les autres, et la Chine créa indépendamment l'Église orthodoxe de Chine. En 1954, l'Église orthodoxe russe remit ses biens immobiliers en Chine à l'Église orthodoxe chinoise. Après l'année 1958, l'Eglise cessa progressivement ses activités. En 2015, le bâtiment rénové est devenu la salle d'échange culturel sino-russe de Wuhan, présentant l'histoire des échanges culturels et économiques sino-russes, et promouvant ainsi l'amitié entre les deux pays.

L'église est d'un style typiquement russe, avec une maçonnerie en brique et en pierre. Elle couvre une superficie de 220 mètres carrés. Sous forme octogonale, les portes se font sur les deux extrémités de l'axe central. Sur la façade, une pièce carrée en saillie sert d'entrée. Les autres murs se présentent tous sous forme d'arc en plein cintre et sont ornés de pilastres et de moulures sculptées. Sur la coupole octogonale se dresse une tour octogonale d'éclairage, dont les 8 faces sont toujours en arc cintré. La tour est coiffée d'un toit conique, hexagone et en fer vert, laquelle est surmontée d'un bulbe doré (Le bulbe original a été détruit, le présent a été ajouté lors de la restauration en 2014). Le bulbe doré est surmonté d'une croix, qui est équipée de girouettes. Le contour de l'église est fluide, les murs extérieurs sont exquisement ornés. L'édifice est d'élégance impressionnante.

Bâtiments historiques de l'avenue Zhongshan

 L'avenue Zhongshan, ville de Wuhan

L'avenue Zhongshan part de la rue Qiaokou au sud jusqu'à la rue Huangpu au nord, d'une longueur totale de 8445 mètres. Avec des bâtiments historiques de deux côtés, elle traverse la zone centrale de Hankou : l'avenue Yanjiang, l'avenue Jiefang et l'avenue Jianshe sont parallèles à l'avenue Zhongshan et 48 rues telles que rue Wusheng, rue Sanmin, rue Jianghan, rue Nanjing, rue Huangshi et rue Huangxing sont intersectées. Construite en 1906 par Zhang Zhidong, gouverneur de Huguang à la fin de la dynastie des Qing, l'avenue Zhongshan s'appelait à l'origine la rue Houcheng. C'était l'axe commercial le plus important à Hankou. En 1926, Hankou a été conquise par l'Armée nationale révolutionnaire, et la rue a été rebaptisée « rue Zhongshan » par le gouvernement national pour commémorer Sun Zhongshan. C'était ainsi la première rue nommée « Zhongshan » en Chine. Après la fondation de la République populaire de Chine, l'avenue Zhongshan est devenue une célèbre rue commerciale à Wuhan. En 1999, la première phase du projet d'amélioration de l'environnement a été mise en œuvre sur l'avenue Zhongshan, et s'est achevée de fin 2015 à 2016.

De nombreux bâtiments historiques bien conservés se situent sur l'avenue Zhongshan tels ques le Bâtiment Nanyang, le centre commercial « Paradis du peuple », la Chambre de commerce générale de Hankou, le Château d'eau de Hankou, la Banque industrielle du Zhejiang, la Banque de Chine, le Bureau central de la fiducie de Chine, la Banque industrielle du Zhejiang, la Banque Guohuo, la Banque Jincheng de Hankou, la Banque Dafu.

L'ancien site du Bâtiment Nanyang est situé au 712, avenue Zhongshan, également connu sous le nom de la Compagnie de tabac des frères Nanyang. C'était autrefois le bureau du gouvernement national à Wuhan qui est devenu maintenant un bâtiment commercial à usages multiples.

17-1 Le Bâtiment Nanyang

En 1905, les frères Jian ont fondé la Compagnie de tabac des frères Nanyang à Hong Kong. En 1916, ils sont entrés sur le marché chinois en ouvrant une succursale et une usine à Shanghai. En 1921, la succursale a été créée à Hankou et une usine y a été ouverte en 1926. En septembre 1926, l'Armée nationale révolutionnaire a occupé Hankou et le gouvernement national a déménagé de Guangzhou à Wuhan en décembre. À l'invitation de la famille Jian, le gouvernement national a installé le bureau au troisième étage du Bâtiment Nanyang. Dès 1949, la succursale et l'usine de Hankou ont été reprises par le Comité de gestion militaire de Wuhan et elles sont devenues le prédécesseur de l'Usine de cigarettes de Wuhan. Le Bâtiment Nanyang a été construit en 1917 et la construction a duré quatre ans. C'était le premier bâtiment en béton armé de Wuhan avec des ascenseurs à l'intérieur. Le bâtiment est édifié sur un plan polygonal irrégulier, couvrant une superficie d'environ 900 mètres carrés et une superficie de construction de 4700 mètres carrés. Ce bâtiment de cinq étages se compose d'un cloître au sommet, d'une tour en forme de flèche de deux étages au centre et des tourelles surmontées d'un dôme. La façade donnant sur la rue adopte des balcons surplombants et des fenêtres. Les murs en maçonnerie de granit sont décorés d'arches et de reliefs.

17-2 Le Centre commercial « Paradis du peuple »   17-3 La Chambre de commerce de Hankou

Le Centre commercial « Paradis du peuple », appelé à l'origine Hankou New World, est situé au 734, avenue Zhongshan à Hankou. Hankou New World a été lancé par Liu Youcai (chef du service d'inspection de Wuhan) en 1917 et a été construit par les Compagnies Xieli et Xiexin. C'était le premier centre de divertissement, de shopping et de tourisme du Hubei. Après l'occupation de Wuhan par l'Armée nationale révolutionnaire en 1926, le gouvernement national a changé son nom en « Monde des fleurs de sang » (Blood Bloom World). En 1928, il a été rebaptisé « Paradis du peuple à Hankou ». En 1945, il a finalement été nommé « Paradis du peuple ». L'opéra Chu y est officiellement nommé. Des personnalités importantes telles que Liu Shaoqi, Song Qingling, Deng Yanda, He Xiangning y ont prononcé des discours, et des artistes célèbres tels que Mei Lanfang, Shang Xiaoyun, Cheng Yanqiu et Xun Huisheng s'y sont produits sur la scène.

Le Paradis du peuple a été construit en brique et béton en 1919. Il compte 4 étages avec une tour de sept étages. Le Paradis du peuple se compose d'un bâtiment en forme de V en avant (l'avant-corps), de la salle Yonghe à l'intérieur (le cirque), de la grande scène et de la nouvelle scène en arrière (l'arrière-corps). Les installations y ont été inspirées de la construction du Grand monde de Shanghai (Shanghai Great World) : trois théâtres, une dizaine de salles de spectacles, deux librairies, de nombreux restaurants chinois et occidentaux, des salles de divertissement, un petit centre commercial, une patinoire et des scènes, etc. L'axe central du bâtiment est l'entrée principale à l'angle. La partie supérieure du bâtiment est dotée d'une tour en forme de dôme et la partie centrale est une rotonde de sept étages. Les deux ailes de quatre étages sont disposées en paire symétrique avec des balcons surplombants donnant sur la rue et des arcades reliant des lieux de divertissement.

Le bâtiment de la Chambre de commerce de Hankou est situé au 489, avenue Zhongshan à Hankou. C'est actuellement le bâtiment de la Fédération de l'industrie et du commerce de Wuhan. En 1898, lors de la création du Bureau de commerce à Hankou, Zhang Zhidong, le gouverneur du Huguang, a envisagé d'allouer une partie de la rue Houcheng Malu (actuellement avenue Zhongshan) pour construire la Chambre de commerce de Hankou. Malheureusement, la construction n'a pas été mise en œuvre en raison de la Révolution de 1911. En 1919, Wan Zesheng, président de la Chambre de commerce de Hankou, a convoqué les milieux des affaires en collectant les fonds pour la construction de la Chambre de commerce. Pendant la guerre anti-japonaise, le bâtiment est devenu une base culturelle importante pour « la défense de la grand Wuhan ». Après 1949, les milieux des affaires ont créé la Fédération de l'industrie et du commerce de Wuhan, et le bâtiment de la Chambre de commerce de Hankou a été rebaptisé Bâtiment de la Fédération de l'industrie et du commerce.

Le bâtiment de la Chambre de commerce a été achevé en 1921. Il a une structure en brique et béton et montre en général des caractéristiques de la maison autour d'une cour carrée. Au centre de la cour se trouve un bâtiment rectangulaire. Il a quatre étages et sa façade horizontale se divise en trois parties. Il a un style romain classique et se compose d'une base de plate-forme surélevée, de hautes marches et des fenêtres carrées à colonnes. La partie saillante au centre du bâtiment est l'entrée principale, des colonnes ioniques superposées des corniches et du pignon triangulaire se trouvent aux deux côtés du bâtiment. À l'extérieur de la cour, une rangée de bâtiments de trois étages donne sur la rue. Le rez-de-chaussée est destiné au commerce, les deux étages supérieurs sont réservés aux résidents et le troisième étage dispose d'un balcon en surplomb. L'entrée de la Chambre de Commerce est située au milieu du bâtiment. Au sommet de cet arc en demi-circulaire de deux étages se trouvent un balcon et d'un toit décoratif triangulaire.

Le Château d'eau de Hankou, également connu sous le nom de Château d'eau

17-4 Le Château d'eau de Hankou

Hankou de la Société d'hydroélectricité Jiji, est situé au 539 sur l'avenue Zhongshan, à Hankou. En 1906, Song Weichen, un riche homme d'affaires du Zhejiang, a invité les géants commerçants du Hubei, du Zhejiang et du Jiangxi à réunir un fond de trois millions dollars pour développer conjointement l'industrie hydroélectrique à Hankou. Zhang Zhidong, le gouverneur du Huguang, a alloué trois cent mille pièces d'argent au soutien et la Société d'hydroélectricité Jiji a été créée.

La Société d'hydroélectricité Jiji se compose de trois parties : la centrale électrique de Dawangmiao, la centrale hydraulique de Zongguan et le château d'eau de Hankou. La centrale électrique a été construite sur la rivière Han près du Temple Longwang, la centrale hydraulique a été construite à Zongguan sur la rivière Han à Qiaokou et le château d'eau a été construit dans la rue Houcheng (avenue Zhongshan). Les constructions de la centrale électrique, de la centrale hydraulique et du château d'eau ont toutes démarré la même année et ont été mises en service trois ans plus tard. Après l'expédition du Nord (1926-1927), Song Ziwen est intervenu dans la Société d'hydroélectricité Jiji en devenant président directeur général en 1937. Pendant la guerre anti-japonaise, la société est tombée aux mains des Japonais. Avant la libération, la Société d'hydroélectricité Jiji possédait la seule centrale hydraulique et la seule centrale thermique à Hankou.

Avec une structure en maçonnerie, le château d'eau est de forme octogonale et mesure 8,2 mètres de chaque côté. Le bâtiment du Château d'eau dispose de cinq étages surmontés d'un réservoir d'eau placé au sixième étage. La cage d'escalier carré faisant saillie au sud-ouest dispose de sept étages et mesure 4 mètres de chaque côté. Étant donné que le château d'eau a été construit sur le lac et les marais, une fondation de cinq couches en granit et en ciment y a été construite et renforcée avec des pieux en acier et des composants en fonte. Le mur extérieur du premier étage est en granit et Les cinq étages supérieurs sont en briques rouges. Le château d'eau mesure 41,3 mètres de haut et c'était le plus haut bâtiment de Hankou jusqu'aux années 1970. L'échelle en bois en spirale autour des trois tuyaux en fer est un accès à la plate-forme d'observation supérieure au septième étage. Il y avait une sonnette d'alarme en bronze placée sur la plate-forme. En cas d'incendie, un drapeau rouge était accroché pendant la journée ou un feu rouge pendant la nuit, et la cloche sonnait en même temps.

L'ancien site de la succursale de la Banque Xingye du Zhejiang est situé au 561, avenue Zhongshan à Hankou, sert maintenant de bijouterie. Siégeant à Shanghai, la Banque Xingye inaugura la succursale à Hankou en 1908. Plus tard, elle construisit une rangée de magasins dans trois étages du côté ouest de l'avenue Zhongshan et les loua à des magasins célèbres tels que la bijouterie Laofengxiang et l'horlogerie Hendali.

Le bâtiment est en béton armé, de 3 étages avec un attique de ventilation et d'éclairage. Situé à l'intersection de l'avenue Zhongshan et de la rue Jianghan, il est de style baroque. Au coin est aménagé un portique en saillie avec 6 piliers doriques. Le rez-de-chaussée est en maçonnerie de granit et les murs des étages supérieurs sont décorés de faux granit. Le toit aux versants est de tuile rouge et 3 tours s'y

17-5 La Banque Xingye du Zhejiang

17-6 La Banque de Chine

érigent.

Le bâtiment de la Banque de Chine se trouve au 593, avenue Zhongshan, à l'intersection de la rue piétonnière Hanzheng et de l'avenue Zhongshan. Le prédécesseur de la Banque de Chine était la Banque Da Qing (Banque du Grand Qing), la première banque centrale dans l'histoire de la Chine. En 1905, la cour impériale des Qing créa la Banque Hubu (Banque du ministère des revenus), qui fut rebaptisée Banque Da Qing en 1908, avec plus de 20 succursales à Shanghai, Tianjin, Wuhan et dans d'autres villes. Lors de l'éclatement de la Révolution de 1911, la succursale de Hankou fut incendiée en ruine, les dépôts comme l'or, l'argent, les monnaies, les billets, ainsi que les factures furent stockées à la Banque d'espèces de Yokohama et à la Banque Chartered. La banque Daqing fut ultérieurement renommée Banque de Chine. En 1912, le président provisoire Sun Zhongshan et le nouveau ministre des finances Chen Jintao approuvèrent de fonder le siège général de la Banque de Chine sur l'ancien site de la Banque Daqing à Shanghai et les succursales Daqing se transformèrent automatiquement en succursales de la Banque de Chine. Ainsi en 1915, la succursale de la Banque de Chine à Hankou fut construite sur l'ancien site de la succursale de la banque Daqing. Après 1949, la Banque de Chine fut reprise par le nouveau gouvernement chinois.

La construction de la succursale Hankou de la Banque de Chine fut entreprise en 1915 et achevée 2 ans plus tard. En tant qu'un des premiers bâtiments en béton armé à Hankou, il compte quatre étages au-dessus du sol et un étage au sous-sol. Exposé à l'avenue Zhongshan, il est basé sur une fondation en granit. Au milieu de la façade sont enchaînées 4 arches et 10 marches en granit mènent à l'entrée principale. Des colonnes doubles au chapiteau ionien s'érigent au premier et deuxième étage. Une corniche élaborée couronne le deuxième étage. Et au-dessus, soit au dernier étage, ce sont des piliers. Sur les deux côtés on voit de grandes fenêtres rectangulaires et des balcons décoratifs en saillie. Le mur extérieur est recouvert de granit jusqu'au toit et les colonnes sont également en granit.

Situé au 908, avenue Zhongshan à Hankou, le Bureau central de la fiducie avoisine à gauche la Banque industrielle du Zhejiang, fait face à la Banque de Chine de l'autre côté de la rue. Le bâtiment appartient aujourd'hui au ministère provincial des transports du Hubei. Fondé en 1935, le Bureau central de la fiducie fut constitué sous la supervision du ministère des Finances dans le but de mettre en œuvre des politiques gouvernementales et des activités spécifiques déléguées par le gouvernement central telles que les commerces, les assurances, les banques, la fiducie et la logistique. Kong Xiangxi fut alors le président et Zhang Jia fut nommé directeur. Avec le siège à Shanghai, il créa des succursales ou des agences dans plusieurs villes. En 1936, le bureau construisit un bâtiment de 6 étages sur l'avenue Zhongshan, qui servirait des bureaux de la succursale. Après 1949, tous les biens et propriétés furent transférés à la Corporation des commerces de Chine.

La succursale à Hankou est un bâtiment rectangulaire en béton armé, d'un style moderniste. L'entrée principale se fait au milieu, la façade est simple et élégante avec les lignes verticales lisses. Au rez-de-chaussée et au premier étage, le mur extérieur est en granit, alors que celui aux étages supérieurs est recouvert de briques jaune clair. Le haut du bâtiment est décoré de motifs géométriques jaune sombre.

L'ancien site de la succursale de la Banque industrielle du Zhejiang se trouve au 910, avenue Zhongshan à Hankou. Nommé Banque du Zhejiang, elle fut originellement détenue par l'Etat. Puis en 1915, elle fut gérée conjointement par l'Etat et les associés civils et fonda le siège à Shanghai et la succursale à Hangzhou. Plus tard, en raison du conflit entre les deux détenteurs, elle fut divisée en deux banques, soit Banque locale du Zhejiang, détenue par l'Etat et siégeant à Hangzhou, et Banque industrielle du Zhejiang, détenue par les associés civils et siégeant à Shanghai. La succursale de Hankou fit partie de la branche de la deuxième, qui fut postérieurement rebaptisée Banque première du Zhejiang. En tant que

17-7 Le Bureau central de la fiducie de Chine (Central Trust of China)

17-8 La Banque industrielle du Zhejiang (façade)

succursale, la Banque industrielle du Zhejiang à Hankou changea aussi de nom avec.

La succursale de la Banque industrielle du Zhejiang à Hankou est un bâtiment rectangulaire en béton armé, de style classique. Basé sur la fondation en maçonnerie de granit, il est décoré de faux granit au mur extérieur. Au milieu de la façade, c'est un porche en saillie avec 6 colonnes au chapiteau ionien. Une corniche en saillie couronne le porche. Le toit du troisième étage était à l'origine en pente et de tuiles rouges. Il fut détruit dans un incendie en 1930. Lors de la restauration, on ajouta une corniche et un attique au toit plat et érigea deux tours à dôme octogone de chaque côté.

L'ancien site de la succursale de la Banque Guohuo est situé au 635, avenue Zhongshan à Hankou. La Banque Guohuo fut fondée par Kong Xiangxi et Song Ziwen en 1929. C'était une banque gérée conjointement par l'Etat et les associés civils, dont le siège était à Shanghai.

Construit en 1934, le bâtiment comporte trois étages, est en brique et en bois. Au rez-de-chaussée il y a deux portes en arc de deux côtés. Au milieu du premier et deuxième étage se dressent des colonnes ioniennes. La corniche supérieure est décorée des avancées similaires aux chevrons chinois.

L'ancien site de la Banque Jincheng se trouve au 2, rue Baohua, sur l'avenue Zhongshan à Hankou. La Banque Jincheng fut fondée en 1917 par le banquier ZHOU Zuomin. En chinois le nom Jincheng signifie « ville d'or » et « forteresse »

17-9 La Banque industrielle du Zhejiang (façade latérale)

17-10 La Banque Guohuo

et était censé désigner la stabilité et la force. La banque était l'une des quatre plus grandes banques privées du nord avec la Banque Yanye (Banque de l'industrie du sel), la Banque du Centre-sud et la Banque continentale. Avec le siège à Tianjin, elle créa des succursales à Beijing, à Qingdao, à Shanghai et à Hankou. La succursale à Hankou fut inaugurée en 1931. Lorsque Wuhan tomba en zone occupée par le Japon en 1938, le bâtiment de la banque était possédé par les troupes japonaises. Après la victoire de la guerre anti-japonaise, le bâtiment fut récupéré par la Banque Jincheng. Après la Libération, la Banque Jincheng ferma toutes ses succursales, sauf la succursale de Hong Kong, qui a été fusionnée avec la Banque Zhongyin Hongkong Co. Ltd. en 2001. De 1957 à 2003, le bâtiment de la succursale de Hankou a servi de la Bibliothèque pour enfants et adolescents de Wuhan. Depuis 2005, il est transformé en Musée d'art de Wuhan.

Situé à la croisée de l'avenue Zhongshan, de la rue Baohua et de la rue Nanjing, le bâtiment est entouré d'arbres luxuriants et donne sur une grande place. En béton armé, il compte 4 étages avec le mur extérieur recouvert de faux granit. Basé sur une plateforme, il faut grimper 21 marches pour atteindre le rez-de-chaussée. Sur la façade, c'est le portique soutenu par 8 colonnes classiques occidentales au chapiteau délicat. Une corniche élaborée couronne le portique. Tout au milieu de la façade, s'ouvre une porte cintrée de bois, aussi haute que 2 étages, sur les deux côtés de laquelle sont aménagées respectivement 3 grandes fenêtres en arc au premier étage.

Le bâtiment de la Banque Dafu est situé au 934, avenue Zhongshan à Hankou, à

17-11 La Banque Jincheng à Hankou (façade)

17-12 La Banque Jincheng à Hankou (façade latérale)

17-13　La Banque Dafu

la croisée de l'avenue Zhongshan et de la rue Nanjing. Le rez-de-chaussée à côté de l'avenue Zhongshan sert de bureau de prêt de la Bibliothèque de la ville de Wuhan. Le bâtiment, dont le propriétaire n'était pas la Banque Dafu, fut investi et construit par les hommes d'affaires de Wuhan, Chen Fulan et Chen Ziju. Le rez-de-chaussée de l'immeuble fut autrefois loué à la Banque Dafu en tant que bureau d'affaires. En 1927, HUANG Wenzhi, marchand originaire du Jiangxi fonda la Banque Dafu à Hankou et se nomma président. Lorsque Wuhan tomba en zone occupée en 1938, la banque déménagea à Chongqing et le bâtiment fut exproprié par l'armée japonaise. Après la victoire de la guerre anti-japonaise, la Banque Dafu retourna à Hankou et récupéra son immeuble. Après la libération, la banque a fermé sa porte.

Construit en béton armé en 1936, le bâtiment comporte quatre étages (cinq étages au coin) au-dessus du sol et un étage sous-sol. L'immeuble se présente sous forme d'un L, l'entrée se fait au coin. Les pilastres endossés au mur s'érigent du rez-de-chaussée jusqu'au toit. Deux motifs géométriques rectangulaires sont aménagés entre chaque étage pour remplacer les décorations classiques sophistiquées. C'est simple et élégant, de style moderniste. Lors de la guerre, afin d'éviter les bombardements accidentels d'avions japonais (le bâtiment était occupé alors par l'armée japonaise), une couleur de camouflage fut peinte sur le mur, qui a été préservée jusqu'à aujourd'hui.

Musée commémoratif du soulèvement de Wuchang de la Révolution de 1911

 Le pied sud de la Colline du Serpent, district de Wuchang, ville de Wuhan

Le musée commémoratif du soulèvement de Wuchang de la Révolution de 1911 est situé au pied sud de la Colline du Serpent et au nord de la place Yuemachang. C'était l'ancien site du gouvernement militaire du soulèvement de Wuchang, autrement dit le manoir du gouverneur militaire du Hubei. Doté de murs d'enceinte peints en rouge, il est également appelé « Pavillon rouge ». C'était à l'origine le Bureau consultatif provincial du Hubei, qui fut construit par le gouvernement Qing pour se conformer à la monarchie constitutionnelle. La construction commença en 34e année du règne de Guangxu sous la dynastie des Qing (en 1908) et acheva en 2e année du règne de Xuantong (en 1910). Le 11 octobre 1911, le soulèvement de Wuchang remporta la victoire et le parti révolutionnaire a entrepris de former le gouvernement militaire du Hubei. Comme l'ancien bureau du gouverneur fut détruit par la guerre, il décida d'utiliser le bâtiment du Bureau consultatif provincial du Hubei comme manoir du gouverneur militaire du Hubei de la République de Chine (également connu sous le nom de gouvernement militaire du Hubei) où le gouvernement promulgua l'avis n°1 annonçant l'abolition de la monarchie de la dynastie des Qing, l'établissement de la République de Chine et un appel à un soulèvement dans les provinces.

Le bâtiment du musée se compose du bâtiment principal, des bâtiments latéraux est et ouest et du bureau du conseiller. Conçu par l'architecte japonais Fukui Boichi, Le musée de style classique européen couvre une superficie de 22 000 mètres carrés. Orienté au sud, le bâtiment principal de deux étages est construit en brique et bois. Il mesure 73 mètres de large et 42 mètres de profondeur. La façade est en forme de caractère « montagne » (山), le toit à deux rampantes est recouvert de tuiles rouges. L'entrée principale est composée des piliers carrés et du liteau triangulaire saillant, avec des boucles de retournement en forme d'éventail à

18-1　Le bâtiment principal du musée commémoratif du soulèvement de Wuchang de la Révolution de 1911

deux côtés. Au milieu du toit, se dresse une tour de guet avec un toit gris en forme de bassin renversé. C'était à l'origine un dôme, mais il fut détruit par l'armée Qing pendant le soulèvement. Le mur extérieur en briques rouges est décoré de chapiteaux, de frontons, de corniches et de frises de pierre blanche. Les couleurs du bâtiment sont vives et élégantes. Derrière le bâtiment principal se trouve le bureau du conseiller. Ce bâtiment de deux étages forme une cour carrée avec des bâtiments latéraux de deux côtés. Devant l'entrée principale, il y a une statue en bronze de Sun Zhongshan, vêtue d'une longue robe et d'une veste, debout face au sud, tenant un bâton dans sa main gauche et un chapeau dans sa main droite, regardant droit devant lui solennellement. Construite en 1931, la statue en bronze occupe une superficie d'environ 20 mètres carrés. Le monument mesure 6 mètres de haut et la statue mesure 2,4 mètres de haut. La statue est déposée sur une base en bronze et un socle en granit entouré de marbre blanc rectangulaire.

　　Le pavillon rouge était à l'origine le Bureau consultatif provincial du Hubei établi par le gouvernement Qing. Au cours de la 32e année du règne de Guangxu (en 1906), sous la forte demande de la bourgeoisie nationale et la pression extérieure, le

18-2 Le musée commémoratif du soulèvement de Wuchang de la Révolution de 1911 (façade est)

gouvernement Qing annonça qu'il se préparait à imiter la constitution en proclamant la création des organismes consultatifs et délibérants centraux et locaux : Conseil consultatif à Beijing et bureaux consultatifs provinciaux. En 2e année du règne de Xuantong (en 1910), le Bureau consultatif provincial du Hubei fut construit sur le siège original de l'Armée de l'Étendard vert de Wuchang. La construction consomma plus de 100 mille taels d'argent. L'année suivante, il devint le quartier général de la bataille pour détruire la dynastie féodale. Dans la nuit du 10 octobre 1911, éclata le soulèvement de Wuchang et les rebelles occupèrent toute la ville de Wuchang dès l'aube d'un nouveau jour. Le parti révolutionnaire qui remporta la victoire du soulèvement de Wuchang y fonda le gouvernement militaire du Hubei, soit le manoir du gouverneur militaire du Hubei de la République de Chine. Étant donné que Sun Zhongshan levait des fonds à l'étranger, Huang Xing n'était pas présent non plus, le Conseil provincial révolutionnaire nomma Li Yuanhong à sa tête, l'ancien commandement de la nouvelle 21e Brigade mixte à Hankou devint gouverneur militaire du Hubei. L'Armée révolutionnaire annonça tout de suite l'abolition du règne des Qing et appela toutes les provinces à répondre au soulèvement de Wuchang, pour renverser la dynastie mandchoue et établir la République de Chine. Le soulèvement de Wuchang ouvre ainsi la « porte historique vers la République ».

Bâtiments historiques de la rue piétonne Jianghan

 La rue Jianghan, district de Jianghan, ville de Wuhan

La rue Jianghan part de l'avenue Yanjiang au sud jusqu'à l'avenue Jiefang au nord, et traverse l'avenue Zhongshan et l'avenue Jinghan au milieu. À la fin de la dynastie des Qing, c'était un chemin en terre, et est progressivement devenu un centre de distribution des commerces de Hankou, nommé la ruelle Guangli. Après l'ouverture du port, il a été construit comme une rue en pierre concassé par la concession britannique, et elle a été rebaptisée la rue Taiping, de l'avenue Yanjiang à la rue Hualou. Plus tard, le marchand de biens Liu Xinsheng a étendu la rue Taiping à la porte Xunli, qui était appelée la rue Xinsheng. En 1927, les deux routes fusionnèrent pour devenir la rue Jianghan. En 2000, le gouvernement de Wuhan a désigné la section de l'avenue Yanjiang au sud à la 4e rue Jianghan au nord comme rue piétonne d'une longueur totale de 1 210 mètres.

Il existe de nombreux bâtiments occidentaux de styles différents des deux côtés de la rue Jianghan, dont la plupart sont des maisons de commerce, des magasins, des banques, des restaurants etc. Parmi eux, les bâtiments de longue histoire qui ont été bien conservés sont principalement la Maison des douanes de Hankou, la Compagnie de navigation à vapeur Nissin, la SARL de négoce de coton du Japon, la Banque nationale industrielle de Chine, la Banque de Taiwan, la Banque commerciale et d'épargne de Ningpo, la Banque commerciale et d'épargne de Shanghai, l'Hôtel Xuangong etc.

Le bâtiment de la SARL de négoce de coton du Japon est situé aux 8 et 16 dans la rue Jianghan. Anciennement connue sous le nom de la Compagnie du coton d'Osaka, fut fondée de 1891 à 1893 à Osaka, au Japon. C'est une société de commerce international principalement pour l'achat de coton. La société arriva en Chine en 1902 et créa successivement des succursales à Shanghai, Hankou, Qingdao, Dalian, Tianjin, Shenyang, Changchun, Harbin, Jinan, Beijing,

19-1　Le bâtiment de la SARL de négoce de coton du Japon

Zhangjiakou, Guangzhou et Hong Kong, s'occupant de divers types d'importation et d'exportation, y compris des textiles de coton. Elle entra à Hankou en 1910. En 1945, après la capitulation du Japon, toutes les sociétés commerciales et les banques japonaises de Hankou se retirèrent de la Chine continentale. Le bâtiment de la SARL de négoce de coton du Japon a été construit en 1916 en béton armé de cinq étages. La façade a une composition tripartite horizontalement, étroite des deux côtés et large au milieu. Le mur extérieur donnant sur la rue est en granit. Il y a de longues fenêtres du rez-de-chaussée et du premier étage, des fenêtres cylindriques au milieu du deuxième et troisième étage et des balcons surplombés au milieu du dernier étage. Il y a un parapet au-dessus de la corniche.

Le bâtiment de la Banque nationale industrielle de Chine est situé au 24 dans la rue Jianghan, à l'intersection de la rue Jianghan et la rue Dongting. Il est maintenant la succursale de la rue Jianghan de la Banque CITIC de Chine. La Banque nationale industrielle de Chine a été approuvée et enregistrée par le Ministère des finances de la République de Chine. Son siège social est situé à Tianjin. Elle offrit officiellement ses portes en 1919. La banque était d'abord dirigée par des hommes d'affaires, et

19-2 Le bâtiment de la Banque nationale industrielle de Chine

19-3 Le bâtiment de la Banque de Taiwan

en 1937, elle fut transformée en une coentreprise entre les fonctionnaires et les hommes d'affaires. Sa succursale de Hankou ouvrit dans la rue Yangzi en 1922, et le bâtiment de la banque de deuxième génération fut construit à l'entrée de la rue Dongting en 1936. Sa forme originale et moderne était autrefois considérée comme une merveille de rue. Lorsque la ville de Wuhan était occupée par les armées japonaises, les institutions bancaires emménagèrent dans la concession française et retournèrent à leurs emplacements d'origine après la victoire de la guerre anti-japonaise. Après 1949, elle a fusionné avec d'autres banques en une banque mixte publique-privée. Le bâtiment de la banque est en béton armé. Les deux ailes du bâtiment s'étendent le long de deux rues. Il y a six étages dans les deux ailes, et les coins sont surélevés en neuf étages. C'était le plus haut bâtiment de Wuhan à cette époque. Le rez-de-chaussée de la façade le long de la rue est en marbre noir poli, à par lequel, tout le corps est brossé avec du mortier rouge brique et des fenêtres rectangulaires en verre sont ouvertes. L'aspect du bâtiment est simple et lumineux, avec des couleurs vives et seulement quelques lignes verticales comme décoration, qui a un style artistique moderniste.

Le bâtiment de la Banque de Taiwan est situé aux 21 et 23 dans la rue Jianghan, à l'intersection de la rue Dongting et la rue Jianghan, il est maintenant la succursale de Wuhan de la Banque populaire de Chine. En 1895, le gouvernement Qing fut contraint de signer le traité de Shimonoseki avec le Japon, cédant Taiwan et ses îles environnantes, l'Archipel Penghu au Japon. En 1899, le Japon créa la Banque de

Taiwan S.A. par action à Taibei pour contrôler le secteur financier de Taiwan. Suite à l'invasion japonaise de la partie continentale de la Chine, la Banque de Taiwan participa à des prêts et à des investissements en Chine continentale. Après la victoire de la guerre anti-japonaise, la Banque de Taiwan contrôlée par le gouvernement japonais à Tokyo fut liquidée et fermée par le gouvernement du Guomintang. Le bâtiment de la Banque de Taiwan fut achevé en 1915 et en béton armé de cinq étages au-dessus du sol et d'un sous-sol. L'aspect du bâtiment est solennel et élégant, avec une composition tripartite classique dans les directions horizontale et verticale. Les extrémités latérales sont légèrement convexes et la section au milieu occupe les trois cinquièmes de la façade. La première section longitudinale correspond au premier et deuxième étage. Les entrées du milieu et des deux côtés sont des portes cintrées semi-circulaires et les fenêtres du premier étage sont également des portes cintrées semi-circulaires. La deuxième section correspond au deuxième et troisième étage, avec une colonnade en granit au milieu, soutenue par dix colonnes, des colonnes simples aux deux extrémités et quatre ensembles de doubles colonnes au milieu. Les têtes des colonnes sont en décoration grecque traditionnelle ionienne. Il y a aussi une couche au-dessus de la corniche, avec des embrasures courbes, de sorte que la transparence de la colonnade peut s'étendre vers le haut.

Le bâtiment de la Banque commerciale et d'épargne de Ningpo est situé au 45 dans la rue Jianghan. Elle fut fondée en 1908 par les hommes d'affaires de Ningbo Yu Qiaqing, Zhu Baosan et les autres. Elle avait son siège à Shanghai et était l'une des premières banques commerciales de mon pays. En 1919, la banque ouvrit une succursale à Hankou. De 1933 à 1934, elle atteignit le point culminant du développement, et le montant de ses dépôts se classa au huitième rang des principales banques commerciales chinoises à Shanghai. A la fin de la Guerre de Libération, la banque transféra la plupart de ses actifs à Taiwan. Après 1949, les institutions bancaires de la Banque commerciale et d'épargne de Ningpo laissées sur le continent furent reprises par le gouvernement puis transformées en banque mixte publique-privée. Depuis lors, la Banque commerciale et d'épargne de Ningpo n'exista plus sur la Chine continentale. Le bâtiment de la Banque commerciale et d'épargne de Ningpo fut construit en 1936, en béton armé sous la forme d'un trapèze en plan. La façade du bâtiment est en forme de T, avec sept étages dans le bâtiment principal au milieu et cinq bâtiments auxiliaires des deux côtés. Le bas de

19-4 Le bâtiment de la Banque commerciale et d'épargne de Ningpo

la façade est en granit, et le mur supérieur est en plâtre granitique, avec des fenêtres en verre rectangulaires et des lignes verticales menant au toit. L'aspect est simple et lumineux, et c'est un bâtiment moderne.

Le bâtiment de la Banque commerciale et d'épargne de Shanghai est situé au 60 dans la rue Jianghan et est maintenant la succursale de Hankou à Wuhan de la Banque industrielle et commerciale de Chine. La banque fut créée en 1915 par le célèbre banquier Chen Guangfu et son siège était situé à Shanghai. La Banque commerciale et d'épargne de Shanghai, la Banque Xingye du Zhejiang et la Banque industrielle du Zhejiang étaient conjointement connues sous le nom « Les trois grandes banques au sud de la Chine » des consortiums du Jiangsu et du Zhejiang. Avant 1938, le montant de ses dépôts se classait autrefois au premier rang des banques privées du pays. En 1919, Zhou Cangbai, originaire de Wuchang, fut invité par Chen Guangfu à devenir vice-président de la succursale de Hankou de la Banque commerciale et d'épargne de Shanghai. Il présida la construction de la succursale de Hankou, qui dura un an. En 1949, Chen Guangfu alla à Bangkok pour participer à la Conférence économique sur l'Extrême-Orient des Nations Unies et resta à Hong

Kong. L'année suivante, la succursale de Hong Kong de la Banque commerciale et d'épargne de Shanghai a été enregistrée sous le nom de la Banque Commerciale de Shanghai à Hong Kong. Dans les années 1960, la Banque Commerciale de Shanghai (Hong Kong) a rétabli la Banque commerciale et d'épargne de Shanghai (Shanghai) à Taipei. En 2008, son actif total a atteint 109,75 milliards de yuan et compte 42 succursales à Hong Kong et des succursales à New York, Londres, San Francisco et Los Angeles. Le bâtiment de la Banque commerciale et d'épargne de Shanghai fut construit en 1920 en béton armé avec quatre étages au-dessus du sol et un sous-sol. Le bâtiment est de plan rectangulaire avec une disposition symétrique, cinq travées à l'avant et trois portes encastrées au milieu. Il a une composition tripartite en façade. Huit marches en marbre blanc de Chine aboutirent au rez-de-chaussée du bâtiment, des portes et des fenêtres sculptées cintrées en granit blanc, des colonnes

19-5 Le bâtiment de la Banque commerciale et d'épargne de Shanghai

19-6 le bâtiment de l'Hôtel Xuangong

et des poutres sculptées en épi de blé. Des fenêtres carrées sont ouvertes au milieu des premier et deuxième étages, le mur de façade est soutenu par six colonnes romaines, les deux extrémités du premier étage sont des fenêtres cintrées, décorées de garde-fous, de doubles colonnes et de fronton. Les garde-fous du haut sont magnifiquement décorés.

Le bâtiment de l'Hôtel Xuangong est situé au 121 dans la rue Jianghan, à l'intersection de la rue Jianghan et la première rue Jianghan, il est maintenant l'Hôtel Xuangong et le Grand Magasin du Centre de Wuhan. L'Hôtel Xuangong fut ouvert par des cantonais avec un fonds de 2 millions monnaies d'argent et était autrefois célèbre pour sa décoration exquise et ses installations luxueuses. Le bâtiment de l'Hôtel Xuangong fut investi et construit par la société d'assurance marine et d'incendie de Shanghai, Pendant le mouvement sur les produits nationaux dans les années 1930, le rez-de-chaussée de l'hôtel devint la Société des produits nationaux de Hankou. Lorsque Wuhan était occupé par l'armée japonaise en 1938, l'Hôtel Xuangong ferma ses portes et la propriété était occupée par l'armée japonaise. L'hôtel rouvrit en 1945. Pendant les négociations entre le Guomintang et le Parti communiste chinois en mai 1946, l'Hôtel Xuangong était le bureau du *bureau de médiation militaire* formé par le représentant du PCC Zhou Enlai, le représentant du Guomintang Zhang Zhizhong et le représentant américain George C. Marshall. En mai 1949, l'Hôtel Xuangong fut repris par la Commission militaire de Wuhan. En 1953, Mao Zedong est logé ici. En septembre 1978, l'Hôtel Xuangong est devenu une entreprise dépendante directement de l'Office du tourisme du Hubei. Le bâtiment de l'Hôtel Xuangong fut construit en 1931, en béton armé de cinq étages au-dessus du sol et d'un sous-sol. Le plan est en forme de L, l'entrée principale est située au coin de l'intersection des deux rues et les deux ailes sont disposées symétriquement. La façade le long de la rue de tout le bâtiment est conçue avec éclectisme alliant la classique occidentale et la modernité. Une paire de colonnes ioniennes à l'entrée principale, les colonnes ioniennes de cinq étages et la galerie voûtée, et la tour creuse octogonale de trois étages au coin en retrait du bas au haut sont de style ancien occidental. Les portes et fenêtres rectangulaires avec peu de décorations qui représentent la majorité de l'ensemble du bâtiment sont de style moderne.

Premières architectures de l'Université de Wuhan

 La Colline Luojia, district de Wuchang, ville de Wuhan

L'Université de Wuhan st située dans la Colline Luòjiā (en chinois : 珞珈) à Wuchang. La Colline Luojia (en chinois : 珞 珈) était à l'origine connue sous le nom de la Colline Luòjià (en chinois : 落架) et de la Colline Luójiā (en chinois : 罗家), mais a ensuite été transformée en colline poétique « Luojia » (en chinois : 珞珈) par Wen Yiduo, le doyen de la faculté des lettres de l'Université de Wuhan. L'Université de Wuhan naquit de l'École d'amélioration personnelle fondée en 1893 par Zhang Zhidong, le gouverneur général du Huguang. Depuis 1902, l'école fut rebaptisée l'École des dialectes, l'École normale supérieure de Wuchang, l'Université normale de Wuchang, l'Université nationale de Wuchang, l'Université national Sun Zhongshan de Wuchang, et fut nommée l'Université nationale de Wuhan en 1928, et la Colline Luojia a été choisie comme nouveau campus (L'ancien site de l'université se trouve à Dongchangkou, à l'est de Yuemachang). Li Siguang était président du Comité des équipements de construction et embaucha l'architecte américain Kells pour la conception et Miao Enchuang comme ingénieur général de supervision de la construction de l'école. Les travaux commencèrent officiellement en 1929 et la plupart des projets furent achevés en 1935. En octobre 1938, les flammes de la Guerre anti-japonaise atteignirent Wuhan, l'Université de Wuhan déménagea à Leshan en Sichuan. Au cours de l'occupation, les bâtiments universitaires étaient occupés par l'armée japonaise. En octobre 1946, l'Université de Wuhan revint à la Colline Luojia.

Le campus construit en 1938 est au bord de la rive sud-ouest du lac de l'Est et couvre une superficie de plus de 200 hectares. Les bâtiments principaux comprennent quatre facultés : celle des lettres, des sciences, de droit et d'ingénierie, ainsi que des gymnases et des cantines, des dortoirs des étudiants et des résidences des professeurs. La superficie des bâtiments était de plus de 70 000 mètres carrés, coûta plus de 3 millions monnaies d'argent. Parmi les premiers bâtiments de l'Université de Wuhan, les bâtiments bien conservés et bien connus comprennent l'ancien pailou de l'université de Wuhan, l'ancienne bibliothèque, l'ancien dortoir d'étudiants, le Gymnase Songqing, l'ancien bâtiment de la faculté des sciences, l'ancien bâtiment de la faculté d'ingénierie, le Banshanlu et les « Bâtiments 18 ».

L'ancien pailou de l'Université de Wuhan est la plus ancienne porte de l'Université de Wuhan, il est maintenant situé à Quanyechang, au quartier Jiedaokou au lieu d'être sur le campus de l'Université de Wuhan. La Colline Luojia était un terrain en friche en 1929. L'université ouvrit un chemin de 1,5 kilomètre entre le campus et Jiedaokou, nommé la rue d'université. L'ancien pailou de l'Université de Wuhan se trouve au point de départ de la rue d'université. Le paifang fut construit pour la première fois en 1934 en bois, et on dit qu'elle fut détruite par des vents violents l'année suivante. Il fut reconstruit en 1937 en acier-béton, qui est conservé jusqu'à présent. Le paifang a quatre piliers et trois travées, recouvertes de tuiles vernissées cyan, le devant est écrit « l'Université nationale de Wuhan » et le dos est écrit « wen, fa, li, gong, nong, yi » (lettres, droit, sciences, ingénierie, agriculture, médecine) en petit style sigillaire.

20-1 L'ancien pailou de l'Université de Wuhan

Premières architectures de l'Université de Wuhan

20-2 L'ancienne bibliothèque

  L'ancienne bibliothèque fut construite en 1933. Elle est située au sommet de la Colline du Lion dans la zone vallonnée de la Colline du Nord. Elle fait face au sud et est dominante. Le plan est presque en forme de H, en brique-béton et en béton armé de six étages. C'est un bâtiment de style palais chinois, magnifique et majestueux. La superficie du bâtiment est de plus de 6000 mètres carrés, il y a cinq travées en façade dont trois au milieu sont une grande salle de lecture, deux bâtiments latéraux de deux étages sont en deux côtés et deux bâtiments pour conserver des livres sont aux deux coins arrière. Il y a une tour octogonale au dernier étage au centre des bâtiments en double-toit en croupe et à pigeon d'Asie de l'Est avec un avant-toit simple. Les toits de chaque bâtiment sont en toit en croupe et à pigeon d'Asie de l'Est à un seul avant-toit, tuiles vernissées cyan, les toits se croisent et se combinent, le contour est plein de changements. Les poutres, les colonnes, les paifang et les paibian tous en pierre imitent autant que possible les structures en bois. Il y a des dougong sous les avant-toits et des sculptures de style chinois traditionnel sur l'architrave. Sur les côtés est et ouest de la bibliothèque se trouvent la faculté des lettres et celle de droit. La faculté des lettres fut construite en 1930 et la faculté du droit fut construite en 1936. Les deux bâtiments sont exactement pareils. Ce sont

20-3 L'ancien dortoir d'étudiants

tous deux des siheyuan à quatre étages, l'avant-toit simple en toit en croupe et à pigeon d'Asie de l'Est, des tuiles vernissées cyan et des portes et des fenêtres en bois rouge.

De la bibliothèque à l'avenue des cerisiers, il y a les premiers dortoirs d'étudiants de l'université de Wuhan, qui s'appelle Laozhaishe. Laozhaishe est construite sur la colline, alignée le long du versant sud de la Colline du Lion, avec une longueur totale de près de 200 mètres, c'est magnifique. Au début, c'était le dortoir des garçons, qui a été achevé en 1929. L'ancien dortoir est en brique-béton, de quatre étages, divisé en quatre bâtiments, chaque bâtiment est relié par un passage couvert, et il y a un bâtiment de palais en bois au-dessus de chaque passage, avec un avant-toit simple en toit en croupe et à pigeon d'Asie de l'Est, tuiles vernissées cyan, et au-dessous de guojielou, c'est la baie ronde en

20-4 Le Gymnase Songqing

voûte. En passant par l'énorme porte voûtée, les marches de pierre construites à flanc de la colline s'étendent vers le sommet de la colline, qui sont à la fois un passage droit vers le haut et un passage entre les escaliers de quatre bâtiments. Il y a trois rangées de bâtiments à flanc de la colline. Le bas de chaque rangée est à des hauteurs différentes, mais les toits sont de la même hauteur et sont reliés en une pièce continue. Il y a 95 marches menant à la bibliothèque entre les deux bâtiments au milieu, qui s'appelle une échelle de cent marches. Au-dessous de l'ancien dortoir se trouve l'avenue des cerisiers. Pendant l'occupation japonaise de l'Université de Wuhan de 1938 à 1945, des cerisiers furent transportés du Japon pour planter devant l'ancien dortoir. Chaque printemps, les fleurs de cerisier y sont en plein épanouissement, qui attirent de nombreux visiteurs à les admirer.

Il y a un gymnase construit en 1934 sur le côté sud-ouest de l'avenue des cerisiers, c'était Li Yuanhong qui fit un don en argent pour le construire, et comme Songqing est son prénom social, on l'appelle le gymnase Songqing. Le gymnase est à ossature en béton armé, le toit est soutenu par une ossature en acier triangulaire. Le style architectural marie les styles chinois et occidental, un toit en toit à pigeon affleurant avec des tuiles vernissées cyan. La façade ouvre des lucarnes continues sur deux étages du toit, donnant aux avant-toits un effet visuel des avant-toits denses multicouches. Les fenêtres cintrées sur les murs de pignon ont le style de l'architecture baroque.

Il y a un vallon au sud-est de l'avenue des cerisiers, et le grand terrain de sport est situé dans la partie inférieure du vallon. Les côtés est, sud et nord du vallon sont des pentes du vallon et les gradins sont construits sur les pentes. L'auditorium est construit à l'est du stade. La faculté d'ingénierie et la faculté des sciences se trouvent au point sud et au point nord de la ligne médiane du stade de 400 mètres et sont les ailes gauche et droite de l'auditorium. L'ancien bâtiment de la faculté des sciences fut construit en 1930, en béton armé, cinq étages avec une disposition symétrique. La partie centrale du bâtiment principal est de plan octogonal, avec un amphithéâtre en contrebas à l'intérieur. La tour supérieure est un dôme byzantin avec une base polygonale. Il y a des murs pleins dans les quatre directions sud, nord, est et ouest. Les quatre directions nord-est, nord-ouest, sud-est, sud-ouest couvrent le toit de tuiles vernissées à petite pente, de grandes fenêtres en verre ouvertes sous

20-5 La faculté des sciences

20-6 Le bâtiment administratif

les avant-toits. Les bâtiments latéraux des deux côtés sont le bâtiment de chimie et le bâtiment de physique, le toit en croupe relié au bâtiment principal par un couloir en pierre.

Face à la faculté des sciences, la faculté d'ingénierie fut construite en 1934 avec un style mixte chinois-occidental et est aujourd'hui le bâtiment administratif de l'Université de Wuhan. L'ancien bâtiment principal de la faculté d'ingénierie fait face au nord, et les podiums de tous les quatre côtés sont disposés symétriquement par rapport au corps principal. Le bâtiment principal est de plan carré avec un couloir intérieur, et il y a une grande salle partagée de cinq étages au milieu, reliée par quatre couloirs. Une grande base haute, les balustrades en pierre entourent la base en pierre, la porte carrée centrale est l'entrée principale et des marches en pierre entrent vers le haut. Des piliers ioniens des deux côtés traversent le rez-de-chaussée et le premier étage et de grandes fenêtres en verre sont des deux côtés des pilastres. Il y a la dalle de pierre sculptée sur le linteau de la porte, et le nom de l'Université de Wuhan en peinture vermillon y est gravé. Le toit à double avant-toits à quatre angles est recouvert de tuiles vernissées cyan et le dernier étage est entouré de vérandas avec des balustrades en pierre. Il y a une terrasse d'observation en dôme de chaque côté devant le bâtiment principal, et un petit balcon est situé sous le dôme. Les quatre podiums sont de plan rectangulaire, avec des avant-toits simples en toit en croupe et à pigeon d'Asie de l'Est recouverts de tuiles vernissées.

Situé au pied nord de la Colline Luojia, le Banshanlu fut construit en 1933. C'était les résidences pour professeurs célibataires de 1933 à 1937. Pendant la bataille de Wuhan en 1938, Jiang jieshi, son épouse Song Meiling et les personnalités du gouvernement du Guomingdang étaient logés ici. Le Banshanlu en brique et bois de deux étages a une disposition symétrique, le plan est en forme d'E. L'entrée principale est située au milieu, et les deux côtés sont convexes et possèdent un corridor extérieur. Le mur de briques grises de parement et le mendou de la porte d'entrée sont recouverts de tuiles cyan. Fenêtres carrées simples avec des motifs géométriques détaillés sur les cadres de porte et de fenêtre.

Les « 18 Bâtiments » sont situés au pied sud de la Colline Luojia, étaient dix-huit bâtiments de style anglais construits par l'université de Wuhan en 1931 pour loger des professeurs bien connus. Tous les dix-huit bâtiments adoptent le style de maison de campagne anglaise, mais chacun a ses propres caractéristiques. Après l'augmentation du nombre de bâtiments de résidences, le nom des « 18 Bâtiments » a été conservé. Les dix-huit bâtiments sont adossés à la colline et baignés par le lac, disposés de manière désordonnés mais avec goût, autrefois réputés pour l'élégance de l'environnement et le seuil élevé, ils étaient un symbole d'identité et d'honneur. En 1938, Zhou Enlai, Deng Yingchao, Li Zongren et Bai Chongxi vivaient dans les « 18 Bâtiments ». Zhou Enlai a rencontré Edgar Snow et d'autres amis internationaux dans le 19e bâtiment où il vivait. Après l'occupation de Wuhan, les « 18 Bâtiments » ont été occupés par des officiers japonais supérieurs. Huit ans plus tard, l'université de Wuhan est revenue de Leshan. Les « 18 Bâtiments » étaient indemnes, avec des briques rouges et des tuiles cyan, cachés dans les collines et les forêts.

20-7 Le Banshanlu

20-8 Le 2e bâtiment des « 18 Bâtiments »

Église chrétienne de la rédemption

Le 475, rue Hanzhengjie, district de Qiaokou, ville de Wuhan

Église chrétienne de la rédemption se situe au 475, rue Hanzhengjie, à Hankou, à côté de l'Hôpital N° 4 de Wuhan (Hôpital Pu'ai). L'église a été conçue par le missionnaire britannique Van Klein et achevée en 1931. C'était à l'origine l'Église d'évangile de la grâce dans la ruelle Datong, construite en 1867 par l'Église méthodiste britannique. Le méthodisme est un courant du protestantisme inspiré dans la prédication de John Wesley. Il fut introduit au Hubei par le missionnaire Josiah Cox en 1862. La zone de mission s'étendit de Hankou à Hanyang en 1863 et entra à Wuchang en 1867. En 1905, elle fut rebaptisée l'Église méthodiste, et après 1931, elle fut rebaptisée l'Église méthodiste en Chine. L'église existante et le bâtiment du pasteur sont réunis pour former une petite place.

21-1 L'Église chrétienne de la rédemption

L'Église chrétienne de la rédemption est la seule église qui combine les styles chinois et occidental à Wuhan. Construite en brique et bois, l'église a deux étages en forme de croix latine. Le mur extérieur est en briques rouges et le grand toit en corniche est en tuiles vernissées. Au milieu du deuxième étage, une fenêtre ronde en vitrail d'un diamètre de 2 mètres construite en pierre blanche est divisée par une croisée blanche. Le balcon au deuxième étage est en saillie. À l'intérieur du hall, se trouve un plafond voûté soutenu par des rondins. De forme rectangulaire, le bâtiment du pasteur de deux étages est construit en brique et bois. C'est actuellement une maison de retraite. La façade du bâtiment du pasteur se compose de trois parties, avec le mur extérieur en briques rouges, une porte voûtée, des fenêtres en plein cintre et quatre tours en dôme en pierre sur le toit.

Église chrétienne de la Gloire et lycée Boxue

 Le 29, rue Huangshi, district de Jiangan, ville de Wuhan

L'Église chrétienne de la Gloire, anciennement connue sous le nom d'Eglise de Griffith, est située au 29, rue Huangshi à Hankou à Wuhan. En 1931, à l'occasion du 100ᵉ anniversaire de la naissance du missionnaire britannique Griffith John et du 70ᵉ anniversaire de sa mission à Wuhan, l'Eglise chrétienne chinoise de Hankou mobilisa des fonds pour construire une église portant son nom. L'Eglise de Griffith fut achevée un an plus tard, soit en 1932 et fut rebaptisée l'Eglise de la Gloire en 1951. Les activités religieuses y furent suspendues pendant les années 60 et 70 et reprises en 1980.

En béton et brique, l'Église de la Gloire occupe une superficie de 530 mètres carrés, pour une surface totale de 1191 mètres carrés. Il s'agit d'un édifice gothique en forme de croix, dont les murs sont de briques rouges et le toit à versants est également en tuilerie rouge. Les fenêtres, ainsi que les portes présentent des arcs brisés. L'édifice compte 2 étages : le premier abrite des bureaux et des salles de conférence, ils sont disposés des deux côtés du couloir ; tandis que le deuxième constitue le hall de messe avec une charpente en acier et bois, il peut accueillir mille personnes en même temps. L'attique sert de tribunes élevées, réservées au chœur et aux officiants.

En tant que membre de la Congrégation des Églises chrétiennes en Angleterre et de la Société missionnaire de Londres, Griffith John fut le premier évangéliste à mettre les pieds en Chine centrale. Arrivé à Shanghai en 1855, il se rendit à Wuhan en 1861 et y démarra les activités de la Société missionnaire de Londres. Grâce à son engagement, la Société missionnaire mit en place deux hôpitaux : l'Hôpital Renji à Wuchang et à Hankou (celui à Hankou deviendrait Hôpital d'Union), ainsi qu'une école : l'École missionnaire de Londres. Elle fut une des trois grandes

22-1　L'Église chrétienne de la Gloire (façade)

écoles missionnaires à Wuhan avec l'École Wesley de Wuchang (gérée par l'Église méthodiste britannique) et l'École Boone (gérée par l'Église épiscopale américaine). L'École comprenait un lycée et une université. La dernière fut ultérieurement fusionnée avec les deux autres écoles missionnaires pour former l'Université de la Chine centrale, tandis que le lycée fut rebaptisé Lycée de Griffith John, qui se développa pour devenir l'actuel Lycée Boxue, soit Lycée N° 4 de Wuhan. Au fur et à mesure, Griffith John fonda des hôpitaux à Zaoshi (actuellement Tianmen), à Huangpi et à Xiaogan.

　　Le Lycée Boxue se trouve au 347, avenue Jiefang à Hankou. Son prédécesseur est l'école de Griffith John. En 1896, le missionnaire Griffith John de l'Église du Christ de Londres se mit à prêcher à Hankou et fonda en 1899 le collège de l'Église du Christ de Londres, prédécesseur de l'École de Griffith John. En 1905, à l'occasion du 50e anniversaire de la mission de Griffith John en Chine, les adeptes chinois collectèrent des fonds pour construire un bâtiment scolaire à Hanjiadun, en banlieue

Église chrétienne de la Gloire et lycée Boxue

22-2 L'Église chrétienne de la Gloire (façade latérale)

de Hankou. Au bout de 3 ans furent construits un bâtiment d'enseignement, une chapelle, une tour d'eau, des résidences du personnel, etc. Au printemps de 1908, le campus fut achevé, les enseignants et les élèves déménagèrent sur le nouveau site, et on la nomma l'École de Griffith John pour commémorer son fondateur. L'école comprenait alors un lycée et une université. Le lycée fut devenu indépendant en 1927 et fut rebaptisé Lycée privé Boxue de Hankou. Repris par le gouvernement populaire en 1952, il changea de nom, désormais appelé Lycée N° 4 de Wuhan. Le bâtiment d'enseignement et la chapelle y sont encore bien conservés.

La chapelle s'appelait à l'origine Chapelle commémorative de Wilson. Elle

22-3 Le Lycée Boxue (Chapelle commémorative de Wilson)

fut construite en 1907 pour commémorer le pasteur Wilson qui se rendit à Wuhan avec Griffith John en 1865 et fut décédé deux ans plus tard, en 1867. La chapelle fut mise à pied grâce aux dons de sa famille. Au style gothique de l'Angleterre rurale, la chapelle est en brique et bois. D'un seul étage, elle se présente sous forme d'une croix latine. Les murs sont couverts de briques rouges et le toit aux versants est en tuilerie rouge. Les fenêtres, ainsi que les portes présentent des arcs brisés et sont délimitées par les pilastres décoratifs. L'entrée principale se fait sur un côté et une tour de l'horloge de 2 étages s'élève sur l'autre.

Mis à pied en 1908, le bâtiment de l'enseignement sert maintenant de bibliothèque. De plan rectangulaire, il est en brique et bois et est disposé symétriquement. L'entrée principale se fait tout au centre, une tour de l'horloge de 3 étages se dresse au-dessus. Le toit aux versants est en tuilerie rouge. Les portes et les fenêtres présentent des arcs brisés.

Partie II

Remparts de l'Ancienne ville de Jingzhou

 District de Jingzhou, ville de Jingzhou

La ville de Jingzhou, également connue sous le nom de ville de Jiangling, est le berceau de la culture Chu et plein de la culture des Trois Royaumes. C'est la ville antique la mieux préservée du sud de la Chine. Il y avait une légende : Lorsque Yu contrôlait des inondations, le monde était divisé en neuf zhou (Ji, Yan, Qing, Xu, Yang, Jing, Yu, Liang, Yong), et Jingzhou était l'un d'entre eux. Selon l'histoire, en 8e année du règne du roi zhuang sous la dynastie des Zhou (en 689 avant J.-C.), le roi de Chu Wen déplaça sa capitale à « Ying », qui est aujourd'hui la ville de Jinan, à 5 kilomètres au nord de la ville de Jingzhou. Après plus de 400 ans de 20 générations de rois, cet endroit devint la plus grande capitale du sud de la Chine jusqu'en 29e année du règne du roi Zhaoxiang sous la dynastie des Qin (en 278 avant J.-C.) et fut abandonné après l'occupation par le général Qin Bai Qi, et évolua progressivement en un champ du village et cimetière. Après l'unification de la dynastie des Qin, le comté de Jiangling fut établi à la place de l'actuelle ville de Jingzhou. En 5e année de l'ère Yuanfeng de l'empereur Wu sous la dynastie des Han (en 106 avant J.-C.), le département de préfet de Jingzhou fut établi et devint l'un des treize États du pays. Après les dynasties des Qin et des Han, Jingzhou devint une ville importante pour les dynasties féodales. À la fin de la dynastie des Han de l'Est, Liu Bei gouverna Jingzhou, et Jingzhou devint un lieu important pour se disputer l'hégémonie. Pendant la dynastie des Jin de l'Est, la dynastie du Sud et les Cinq Dynasties et Dix Royaumes, 11 rois établirent successivement leur capitale ici. Jingzhou était la ville comme une seconde capitale de la dynastie des Tang et s'appelait le comté sud, faisant écho de la ville de Chang'an qui était au nord. C'était la capitale de la province de Jinghu sous la dynastie des Yuan et la capitale de la sous-province Huguang au début de la dynastie des Ming. Pendant la dynastie des Ming et des Qing, elle fut toujours un centre administratif de préfecture et de comté.

Selon le *Livre de la géographie de la petite dynastie des Han*, la construction des remparts de la ville de Jingzhou remonta à la période du roi Li sous la dynastie des Zhou (en 877 à 842 avant J.-C.). En 1988, les fouilles archéologiques des villes de remparts des Trois Royaumes et de la dynastie des Jin et celles des villes de briques des Cinq dynasties et des dynasties des Song ont confirmé que les remparts de la ville de Jingzhou étaient les seuls remparts antiques de la ville qui ont traversé le plus de dynasties en Chine et ont évolué à partir du développement des remparts.

Les remparts de l'Ancienne ville de Jingzhou existante ont été construits conformément aux remparts de la dynastie des Ming en 3e année du règne de Shunzhi sous la dynastie des Qing (en 1646) et gardent le style de la dynastie des Ming. Les remparts de la ville mesurent environ 9 mètres de haut et 11 281 mètres de périmètre. La fondation des remparts est en pierre de taille, et les espaces entre les briques des remparts de la ville sont remplis de jus de riz gluant à la chaux. Les remparts du côté intérieur sont construits avec du lœss en pente protecteur et les remparts sont entourés d'une douve d'une largeur de 10 à 120 mètres. Il y a 4 567 contreforts, 25 batteries et 4 casemates. Il y a une piste de chevaux en dessous, la porte mesure 4 à 5 mètres de large et 5 à 7 mètres de haut. Il y a 6 portes dans toute

23-1　Les remparts de l'Ancienne ville de Jingzhou

la ville et il y a des tours de remparts sur les portes. La Porte de l'Est s'appelle la Porte Yingbin et la Tour Binyang au-dessus ; la Porte du Sud s'appelle la Porte Nan et la Tour Qujiang au-dessus; la Porte de l'Ouest s'appelle la Porte Anlan et la Tour Jiuyang au-dessus; la grande Porte du Nord s'appelle la Porte Gongji et la Tour Jinglong au-dessus; la petite Porte du Nord s'appelle la Porte Yuan'an et la Tour Chaozong au-dessus; la petite Porte de l'Est s'appelle la Porte Shui, également connue sous le nom de Porte Gong'an , la Tour Wangjiang au-dessus. Chacune des six portes a une barbacane avec deux portes. En raison du changement de dynasties et des guerres fréquentes, la plupart des tours de la porte de la ville ont été détruites, seule la Tour Chaozong, reconstruite en 18e année du règne de Daoguang sous la dynastie des Qing (en 1838), a survécu. La Porte Chaozong mesure 18 mètres de long, 12 mètres de large, cinq travées de large, trois travées de profondeur, avec un double avant-toit en toit en croupe et à pignon d'Asie de l'Est, dominant majestueusement la porte de la ville. La Tour Binyang sur la porte de l'est a été reconstruite selon le modèle antique dans les années 1980.

Le nom de chaque porte de l'ancienne ville de Jingzhou est lié à la géographie, à l'histoire et aux coutumes de Jingzhou. La petite Porte de l'Est au sud-est de

23-2　La Tour Binyang de la Porte Yingbin

23-3　La Tour Chaozong de la petite Porte du Nord

la ville antique est la seule porte d'eau de la ville antique. À ce moment-là, Liu Bei campait dans le canton de Gong'an, et allait souvent à terre par cette porte pour inspecter la défense de Jingzhou, et la petite Porte de l'Est était également connue sous le nom de la porte de sécurité publique. La Porte du Sud est l'entrée principale de la ville antique. Il y avait une Tour de Qujiang au-dessus. Elle a été nommée d'après Zhang Jiuling, « le duc de Qujiang » qui fut rétrogradé ici sous la dynastie des Tang. La Porte de l'Ouest est également connue sous le nom de la Porte Longshan qui aboutit à Longshan en dehors de la ville. Elle était également appelée la Porte Anlan sous la dynastie des Qing. La grande Porte du Nord est également connue sous le nom de Liu, car dans l'Antiquité, il y avait une autoroute menant à la capitale du pays devant cette porte. Lorsque les fonctionnaires étaient transférés, ils sortaient tous de cette porte. Lorsque des amis venaient leur faire des adieux, ils pliaient des saules ici comme cadeau. Selon les archives historiques, depuis la dynastie des Han, notre pays a eu la coutume de plier les saules comme cadeaux quand les parents et amis se séparent. Parce que « liǔ » (saule) et « liú » (rester) ont la même prononciation, plier des saules comme cadeau a le sens de « prier quelqu'un de rester » et de « profond attachement ». En outre, il y avait une Tour Xiongchu sur le côté est de la Tour Chaozong sur la Petite Porte du Nord, qui a été nommée d'après le poème de Du Fu « la grande tour nord-ouest montre bien la grandiose et magnifique capitale de Chu ».

Remparts de l'Ancienne ville de Xiangyang

 La rive sud du Fleuve Han, ville de Xiangyang

24-1　La porte Linhan des remparts de l'Ancienne ville de Xiangyang

L'Ancienne ville de Xiangyang est située sur la rive sud du Fleuve Han, en face de l'Ancienne ville de Fancheng. Ses trois côtés font face à l'eau et l'autre, face aux montagnes. Xiangyang est un passé de ville forteresse, facile à défendre et difficile à attaquer. Elle est connue sous le nom de « ville de fer ». Située au carrefour des provinces du Hubei, du Shaanxi, du Henan et du Sichuan, Xiangyang protégeait la voie d'accès vers la Chine centrale, d'où l'importance de ce passé de ville forteresse tout au long de son histoire. La ville antique fut construite sous la dynastie des Han, c'était à l'origine une ville en terre. Elle fut changée en une ville de briques sous la dynastie des Song, avec des remparts et des tours construits. À la fin de la dynastie des Yuan, la plupart des murs de la ville ont été détruits. Les remparts ont été reconstruits dans les premières années de la période Hongwu sous la dynastie des Ming et agrandi dans le nord-est de la ville. Il fait l'objet de plusieurs restaurations sous les dynasties successives.

La ville antique est de forme carrée. Elle mesure d'environ 1 600 mètres de long du nord au sud, 1 400 mètres d'est en ouest et d'environ 7 300 mètres de circonférence. Il y avait six portes de la ville : la porte Yangchun à l'est, la porte Wenchang au sud, la porte Xicheng à l'ouest, la porte Linhan et la porte Gongchen au nord et la porte Zhenhua au nord-est. À l'extérieur de chaque porte, il y avait une barbacane pour la garnison des troupes et le stockage des armes, et une tour des remparts sur la porte. Il existe nos jours les tours de la porte Linhan, de la porte Gongchen et de la porte Zhenhua. Face à la rivière au nord, la porte Linhan est également appelée la petite porte du nord. La plaque de pierre « Porte Linhan » placée sur la porte fut écrite par Wan Zhensun, le préfet de Xianyang, en 4e année de l'ère Wanli sous la dynastie des Ming (en 1576). La plaque de pierre « Serrure et clé de la porte nord » sur le côté sud de la porte fut écrite en 1646 par Dong Shangzhi, le magistrat de Xiangyang de la dynastie des Qing. À l'intérieur de la porte cintrée se trouvent deux grandes portes en bois avec des charnières de fer. La tour sur la porte Linhan fut construite sous la dynastie des Tang et reconstruite plusieurs fois, y compris la construction dirigée par Zhou Kai, le préfet de Xiangyang en 6e année du règne de Daoguang sous la dynastie des Qing (en 1826). La tour de deux étages mesure 20 mètres de haut et trois travées de large séparées par quatre colonnes. Elle fut construite en brique et en bois avec un double toit en demi-croupe. La porte Gongchen est également connue sous le nom de grande porte nord. Elle mesure 6 mètres de haut, et sa barbacane ouvre trois portes à l'est, au sud et à l'ouest. La barbacane de la porte Zhenhua, également connue sous le nom de barbacane Changmen, mesure 6 mètres de haut et sa porte en forme d'arc fait face à l'est. Dans le coin sud-est de la ville, il y a la Tour Zhongxuan, construite pour commémorer le célèbre lettré Wang Can à la fin de la dynastie des Han de l'Est. À l'exception de la rivière Han au nord, les trois autres douves de la ville antique de Xiangyang sont creusées artificiellement avec une longueur de 180-225 mètres et une profondeur de 4-8 mètres, ce qui en fait le plus grand fossé de fortification en Chine.

Dans le coin nord-ouest de la ville, une « ville à la dame » de plan rectangulaire relie au mur de la ville antique de Xiangyang à l'est. Au cours de la 3e année de l'ère Taiyuan sous la dynastie des Jin de l'Est (en 378), Fujian, empereur de l'État

Remparts de l'Ancienne ville de Xiangyang

24-2 Les Remparts de l'ancienne ville de Xiangyang

du Qin antérieur, leva 200 000 soldats pour traverser le Fleuve Han et assiéger la ville de Xiangyang. Le général Zhu Xu, chargé de garder Xiangyang, ne put pas quitter la ville. Lorsque sa mère, Madame Han, se promena dans la ville, elle constata que la défense au coin nord-ouest de la ville était faible, alors elle appela les femmes de la ville à construire une ville interne. Plus tard, les ennemis attaquèrent le coin nord-ouest de la ville et entraient rapidement dans la ville extérieure. Grâce à la ville interne construite par les femmes, l'armée Jin réussit à repousser les ennemis. En commémoration du travail défensif de Madame Han, cette ville interne est appelée « ville à la dame ».

24-3 La tour des remparts de Xiangyang

Xiangyang Gulongzhong

 le pied de la Montagne Longzhong, ville de Xiangyang

Gulongzhong, également connu comme l'ancienne résidence de Zhuge Liang, le Temple Zhuge, est situé dans les piémonts de la Montagne Longzhong à 13 kilomètres à l'ouest de la ville de Xiangyang, où Zhuge Liang vivait en ermite dans la jeunesse, un célèbre homme d'État et stratège militaire de la période des Trois Royaumes. Zhuge Liang, dont le nom de courtoisie est Kongming, naquit sous la dynastie des Han de l'Est, à Langya, en Shandong. Il alla à Xiangyang avec son oncle Zhuge Xuan à l'âge de 14 ans et s'installa à Longzhong à l'âge de 17 ans, il travaillait dur et étudiait dur, et s'intéressait à toute l'humanité. En 12e année du règne de Jian'an sous la dynastie des Han de l'Est (en 207), Liu Bei, qui cherchait des hommes distingués afin de réaliser le grand exploit de la prospérité de la dynastie des Han, est venu à Longzhong pour délibérer de ce plan avec Zhuge Liang. Les célèbres histoires de « se rendre trois fois en visite à la chaumière » et du « Plan de Longzhong » se sont déroulées ici. Plus tard, Zhuge Liang fut le ministre de l'État et aida Liu Bei à établir la base de développement de Shu « du monde en trois parties ». En 12e année du règne de Jianxing (en 234) Zhuge Liang mourut à Wuzhangyuan, le fils de Liu Bei, Liu Shan, lui donna le titre posthume en tant que marquis Zhongwu. Bien qu'il n'ait finalement pas réussi à réunifier tout le pays, la vie de Zhuge Liang consistant à « s'épuiser au service du pays jusqu'à son dernier souffle », il est devenu représentant des ministres loyaux et des sages de la culture traditionnelle chinoise. Au début, cette histoire est également devenue une anecdote célèbre, on en parle avec beaucoup de goût depuis des milliers d'années. Gulongzhong est également devenu un important patrimoine historique et culturel. En 2e année du règne de Yongxing sous la dynastie des Jin de l'Ouest (en 305), le général de Zhennan Liu Hong gardait Xiangyang et ordonna aux gens d'écrire l'article pour faire une offrande en cas de décès du ministre de l'État Zhuge

Xiangyang Gulongzhong

25-1 Le paifang de Gulongzhong

25-2 Le Temple Wuhou

25-3 La Salle de trois visites

荆楚历史建筑掠影（法文版）
Un aperçu des bâtiments historiques de Jingchu (version française)

25-4　Le Pavillon de travailler dur

25-5　Le Pavillon de prendre les genoux

25-6　Le Pavillon de hutte en paille

25-7 Le Puits hexagonal

25-8 Le Temple de nuages flottants

et d'ériger une stèle en pierre. Plus tard, l'historien de la dynastie des Jin de l'Est, Xi Zaochi, vint à Longzhong et écrivit *L'inscription de l'ancienne résidence du marquis wu Zhuge*. Les générations suivantes construisirent le temple ici, et il fut réparé et ajouté à travers les âges.

La plupart des bâtiments existants à Gulongzhong ont été reconstruits pendant les dynasties des Ming et Qing, notamment le Portique d'honneur de Gulongzhong, le Temple Wuhou, la Salle de trois visites, le Pavillon de travailler dur, le Pavillon de prendre les genoux, le Pavillon de hutte en paille, le Puits hexagonal, le Temple Yeyun etc. Les bâtiments sont situés sur la montagne, dispersés et attrayants, au pied sud de la Montagne Longzhong.

Le paifang de Gulongzhong fut construit en 19e année du règne de Guangxu sous la dynastie des Qing (en 1893). Il fait face à l'est. Il a une structure en pierre gris bleu en imitation de bois avec quatre piliers et trois travées de trois étages. Les trois caractères « Gu long zhong » sont gravés au milieu de l'architrave, et le poème *Le Ministre du Royaume Shu* de Du Fu est gravé sur le pilier de pierre, « visité par Liu bei trois fois pour délibérer le plan de réunifier le monde, se dévoua corps et âme pour le royaume de Liu Bei et Liu Shan ». Les fronts gauche et droit sont gravés des anciennes devises de Zhuge Liang « avoir une vie sereine et une perception claire » et « accomplir l'éternité en menant une vie tranquille ». Sur les piliers de pierre, il y a des reliefs de l'histoire de la visite de Longzhong aux sages, et entre les ponts se trouvent des reliefs de pêcheur, de bûcheron, de cultivateur, de lettré et de Piano, échecs, calligraphie et peinture, et le dragon et le phénix apportent le bonheur et la prospérité.

Situé à flanc de montagne, le Temple Wuhou fut construit sous la dynastie des Jin, reconstruit lors du règne de Jiajing sous la dynastie des Ming, puis reconstruit en 21ᵉ année du règne de Qianlong sous la dynastie des Qing (en 1756). Le complexe du Temple Wuhou fait face au sud, avec quatre rangs dans les trois cours, avec une disposition symétrique sur l'axe central. Il y a une salle d'entrée, une salle du milieu, une salle de débats aux affaires et une salle principale sur la voie du milieu. Les salles sont reliées par des couloirs et il y a d'anciens cyprès dans la cour. La salle d'entrée, la salle du milieu et la salle principale sont toutes trois travées de large et profond, avec tuiles grises en toit à pigeon affleurant. La salle de débats aux affaires a trois pièces de large et deux pièces de profond. C'est en toit à pigeon affleurant de faîtage rond. La plaque dans le hall d'entrée porte l'inscription « Le temple Wuhou le ministre des Shuhan Zhuge », et il y a une statue en bronze de Zhuge Liang à l'intérieur. La salle principale est réservée aux statues de Zhuge Liang, de son fils Zhuge Zhan et de son petit-fils Zhuge Shang. Des deux côtés de la salle principale se trouvent la salle de Déesse et la salle trio de Liu Bei, Guan Yu et Zhang Fei. Le Temple Niangniang a été construit pour commémorer l'épouse de Zhuge Liang, Huang Yueying, et la Salle trio fut construite pour commémorer le trio de Liu Bei, Guan Yu et Zhang Fei au jardin d'arbres pêchers.

La Salle de trois visites est située à l'ouest du Temple Wuhou. Elle construite lors du règne de Chenghua sous la dynastie des Ming (1465-1487) et fut reconstruit en 1ᵉʳ année du règne de Guangxu sous la dynastie des Qing (1875). La Salle de trois visites fait face au sud et se compose de la porte principale à huit caractères, de la galerie des stèles, de la salle de passage et de la salle principale. La salle de passage fait trois travées de large et trois travées de profondeur, la salle principale fait cinq travées de large et trois travées de profondeur, les deux sont en toit à pigeon affleurant de tuiles grises à un seul avant-toit. Dans la cour, il y a des inscriptions sur des poèmes et des essais de Zhuge Liang et des lettrés du passé.

Le champ de travail dur est situé dans la vallée de Longzhong. Il y a un pavillon de travail dur au bord du champ. La plaque sur le titre est « Pastoral Indifférent », et la stèle en pierre « travailler dur aux champs » y est érigée.

Le Pavillon de prendre les genoux et le Pavillon de travailler dur se font face. Ils furent construits en 58ᵉ année du règne de Kangxi sous la dynastie des Qing (en

1719) et reconstruits en 18ᵉ année du règne de Guangxu (en 1892). Selon la légende, c'était l'endroit où Zhuge Liang prit ses genoux et chanta. Le pavillon de prendre les genoux à une forme hexagonale et fait face au sud. Il a trois avant-toits et trois étages, et les corniches sont relevées et il est droit et beau. Sur la stèle en pierre bleue devant le pavillon, les trois caractères « le lieu de prendre les genoux » furent écrits par le calligraphe Zhang Yuzhao à la fin de la dynastie des Qing.

Le Pavillon de hutte en paille est derrière la salle de trois visites. Cet endroit était à l'origine l'ancien site de la hutte en paille. En 2ᵉ année du règne de Hongzhi de la dynastie des Ming (en 1489), Zhu Jianshu, le roi Jian de Xiangyang de la dynastie des Ming, prit d'affection pour le Fengshui de la hutte en paille, alors qu'il construisit son mausolée ici. En 59ᵉ année du règne de Kangxi sous la dynastie des Qing (en 1720), l'envoyé d'observation du Yunxiang Zhao Hong'en construisit un pavillon de hutte en paille à côté de la tombe du roi Jian de Xiangyang de la dynastie des Ming pour commémorer Zhuge Liang. En 16ᵉ année du règne de Jiaqing sous la dynastie des Qing (en 1811), le Pavillon de hutte en paille fut reconstruit. Le pavillon a une structure en brique et bois avec un double avant-toit hexagonal en toit pointu et les quatre caractères « les vestiges de la hutte en paille » sur le front. Il y a une statue de Zhuge Liang en jeunesse dans le pavillon.

Entre le pavillon de trois visites et le pavillon de hutte en paille, il y a un ancien puits nommé puits hexagonal. Le puits a une forme hexagonale en brique avec six clôtures en pierre sculptée. On dit que ce puits était à l'origine dans la résidence de Zhuge Liang, qui y puisait de l'eau.

Le temple de nuages flottants est situé à flanc de montagne à 100 mètres au nord de la hutte en paille. C'est un endroit spacieux et plat. On dit que Zhuge Liang se rencontrait souvent ici sa famille et ses amis. Le Temple de nuages flottants fut construit pour la première fois en 7ᵉ année du règne de Yongzheng sous la dynastie des Qing (en 1729) et fut nommé « la hutte en paille de Longzhong ». Il fut rebaptisé « dans la profondeur des nuages en ermite » lors du règne de Qianlong, et plus tard changé en « Temple de nuages flottants ». Le Temple de nuages flottants est une maison avec cour avec une salle d'entrée, un bâtiment principal et des pièces latérales, toutes avec un toit de tuiles grises de montagne à un seul avant-toit en toit à pigeon affleurant. Il y a un pavillon de stèle dans la cour avec une statue en pierre du marquis appareillée d'un éventail en plumes et d'une écharpe de soie noire.

Pagode Duobao à Xiangyang

Temple Guangde, ville de Xiangyang

La Pagode Duobao est située dans le Temple Guangde à l'ouest de la ville de Xiangyang et fut construite en 7ᵉ année du règne de Hongzhi sous la dynastie des Ming (1494). Le Temple Guangde était à l'origine connu sous le nom de Temple Yunju. Il fut construit à Longzhong pendant l'ère Zhenguan sous la dynastie des Tang et fut déplacé à l'ouest de la ville de Xiangyang lors de l'ère Chenghua sous la dynastie des Ming, où il fut débaptisé le Temple Guangde. Après avoir été plusieurs fois endommagée et reconstruite, la seule pagode a été bien préservée.

La Pagode Duobao est située derrière le hall principal du Temple Guangde et

26-1 La Pagode Duobao de Xiangyang (façade)

26-2　La Pagode Duobao de Xiangyang (vue de dessus)

fait face au sud. Elle est en brique et pierre et donne une apparence imitant celle du bois, ce qui permet à la fois l'esthétique et la solidarité. Haute d'environ 17 mètres, elle est divisée en deux parties : une base de tour et un corps de tour. La base de la tour est en pierres taillées, se présente sous la forme d'un octogone régulier de 6 mètres de longueur et mesure plus de 7 mètres de hauteur. Des niches de bouddha sculptées dans la pierre sont intégrées sur les huit murs. Il y a des portes voûtées en pierre au sud-est, au nord-ouest, au sud-ouest et au nord-est. Dans la niche en dessus de l'entrée principale, il y a un bouddha assis, et les quatre caractères *Pagode Duobao* sont gravés sur le front de la niche. Il y a des piliers octogonaux dans la tour, formant un couloir circulaire. Les niches sur les quatre murs abritent des statues de bouddhas assis. Sur le côté du couloir au nord-est, il y a des marches de pierre tournoyant jusqu'au sommet de la tour. À la sortie des marches de pierre, il y a un pavillon carré au toit pyramide. Le pavillon carré et cinq petites tours forment le corps de la tour. La tour principale, qui se trouve tout au centre, est une pagode lamaïste en forme d'écuelle renversée d'une hauteur d'environ 10 mètres. En dessous, il y a un piédestal octogonal, sur lequel sont gravés des pétales de lotus superposés à quatre couches. En dessus, il y a un autre piédestal, où sont incrustées des niches de bouddha. Le piédestal est entouré de niches de bouddha incrustées de pierres, avec treize anneaux en métal. La tour principale est coiffée d'un convercle en bronze, lequel est surmonté d'un dôme en pétales de fleur de lotus. Des clochettes sont accrochées au convercle, et tintent au vent. Quatre petites tours entourent la tour principale, elles sont toutes dressées sur un piédestal de pierre, et coiffées d'un toit pointu hexagonal. Il y a trois couches d'avant-toits, et six statues de bouddha vitrées sont placées sur chacun des six côtés du premier avant-toit. Bien que les petites tours et la tour principale soient de forme et de style différents, elles sont regroupées autour de la tour principale, comme les étoiles entourent la Lune, et elles sont extrêmement harmonieuses. Il y a 48 bouddhas assis de différentes formes à l'intérieur et à l'extérieur de la pagode, d'où le nom de la pagode Duobao, qui signifient "multiples bouddhas". Il y a plusieurs arbres de ginkgo imposants autour de la pagode, dont l'un mesure plus de 20 mètres de haut. Selon les rapports, il a reçu le titre « du général » à l'époque de Jiajing de la dynastie des Ming, et un monument « au général ganying » a été érigé lors de l'ère Qianlong sous la dynastie des Qing.

Temple Yuquan et Tour de fer à Dangyang

 Le pied est de la montagne Yuquan, ville de Dangyang

Le Temple Yuquan est situé au pied oriental de la montagne Yuquan dans la ville de Dangyang. C'est l'un des temples ayant la plus longue histoire du bouddhisme chinois. Il est également connu sous le nom de « Quatre merveilles » dans l'environnement naturel avec le Temple Guoqing en Zhejiang, le Temple Qixia à Nanjing et le Temple Lingyan à Jinan. La montagne Yuquan s'appelait à l'origine la montagne Fuchuan en raison de sa forme de navire renversé. Puisque la source émergente du ruisseau de montagne était très claire comme du jade et l'eau jaillissante était comme des perles, la source s'appelait la fontaine des perles et la montagne Fuchuan changeait son nom en montagne Yuquan.

Pendant la période Jian'an sous la dynastie des Han de l'Est (196-220), le maître zen Pujing s'y installa. Au cours de la 2e année de l'ère Datong sous les dynasties du Sud et du Nord (en 528), l'empereur Wu de Liang ordonna la construction du temple de la montagne Fuchuan. En 12e année de Kaihuang sous la dynastie des Sui (en 592), Le moine Zhi Wei, fondateur de l'école Tiantai, y enseigna la doctrine, et l'empereur Wen de la dynastie des Sui commanda le Temple Yuquan. En 2e année de Yifeng sous la dynastie des Tang (en 677), Shenxiu, fondateur du bouddhisme zen du Nord, venant du Temple Huangmei Wuzu pour promouvoir le zen, et le Temple Yuquan devint un lieu saint pour les bouddhistes à cette époque. Pendant l'ère Tianxi du règne de l'empereur Zhenzong sous la dynastie des Song (1017-1021), comme la reine Mingsu croyait au bouddhisme, le temple, à son apogée, comprenait neuf palais, dix-huit salles, 3 700 chambres des moines et plus de 1 000 moines résidents. Il fait l'objet de plusieurs restaurations sous les dynasties des Yuan, Ming et Qing.

Orienté à l'est, le Temple Yuquan est construit à flanc de montagne, couvrant une superficie d'environ 53 000 mètres carrés, avec une disposition symétrique à

27-1 Le portail du Temple Yuquan

axe central. Sur l'axe central se trouvent la salle des quatre Rois célestes, la salle Mahavira, la salle Vairocana et la salle du Guanyin. Devant la salle Mahavira, il y a un étang de lotus. À deux côtés se trouvent la salle du Patriarche, la salle Sangharama, le pavillon de stockage des sutras et la salle Prajna. La salle Daxiong est le bâtiment le plus important du temple. Il fut construit en 13e année du règne de l'empereur Kaihuang sous la dynastie des Sui (en 593) et fut reconstruit au cours des dynasties successives.

La salle a un toit en demi-croupe avec double avant-toit, c'est majestueux et solennel. Elle comporte 7 travées en largeur, mesurant 40 mètres et 5 travées en profondeur, mesurant 24 mètres, et fait 21 mètres en hauteur. Il y a un total de 72 piliers dorés en bois nanmu à l'intérieur et à l'extérieur de la salle. Le double avant-toit et l'intérieur de la salle sont tous dotés des supports dougong. Le plafond à caisson est peint de perles de feu, de dragons nuageux et de lotus, les couleurs sont vives et magnifiques. Devant le temple, il y a un wok en fer pesant 1500 kilos coulé en 11e année sous la dynastie des Sui (en 615), et plus de dix grands objets culturels en fer sous la dynastie des Yuan tels que des bouilloires, des cloches, etc. Il y a aussi

Temple Yuquan et Tour de fer à Dangyang

27-2 La salle Mahavira (façade)

27-3 La salle Mahavira (façade latérale)

une sculpture en pierre de Guanyin dans le pavillon de la stèle sur le côté gauche de la salle Mahavira, qui serait la peinture authentique de Wu Daozi sous la dynastie des Tang. Il y a une haute plate-forme à l'arrière du temple, sur laquelle est construite la salle Vairocana, et sur la gauche se trouve la salle Prajna, toutes les salles sont dans un style de la cour carrée.

Sur la colline à l'est du Temple Yuquan se trouve la tour de fer du Temple Yuquan, également connue sous le nom de Pagode Tathagata, qui est la première grande tour de fer existante en Chine. La tour de fer a été coulée en 6ᵉ année de l'ère Jiayou sous la dynastie des Song du

27-4 La tour de fer du Temple Yuquan

Nord (1061). Haute et belle, élancée et stable, elle a atteint un haut niveau à la fois en technique et en art. La base de la tour est un siège du boudda (Xumi) à double couche fait de briques bleues spéciales, et le corps de la tour est en fonte. La tour octogonale se compose de 13 étages et mesure 17,9 mètres de haut. Il s'agit d'une tour de fer en forme de pavillon imitant une structure en bois.

Les avant-toits de la tour sont décorés de têtes de dragon, où sont suspendus des sonnettes à vent. Lorsque la brise vient, les sonnettes à vent émettront un son doux et vif. Les 45 composants de la tour sont coulés en sections, assemblés étage par étage, reliés par des mortaises et des tenons, sans soudure entre les métaux. La tour est toujours aussi solide après des milliers d'années. Les quatre côtés du deuxième étage de la tour sont respectivement gravés d'inscriptions, enregistrant le nom de la tour, le poids, l'époque de construction, le nom des artisans et d'autres informations. Elle fournit des informations importantes sur la fonte métallurgique en Chine antique, la mécanique architecturale, les méthodes architecturales, l'art de la sculpture sur métal et de l'anticorrosion des métaux et l'étude de l'histoire bouddhiste.

Le maître Pujing, fondateur du Temple Yuquan, était ami de Guan Yu et le sauva autrefois. Cette anecdote est enregistrée dans le chapitre XXVII des *Trois royaumes*. Lorsque Guan Yu quitta Cao Cao pour tenter de retrouver Liu Bei au nord du Fleuve Jaune, le défenseur Bian Xi planifia une embuscade dans le Temple Zhenguo en invitant ce dernier à un banquet. Heureusement, il s'échappa avec l'aide du moine Pujing au Temple Zhenguo. Puis, Pujing alla à la montagne Yuquan et s'y installa. Une nuit, il entendit quelqu'un crier « Rendez-moi ma tête ! ». Il leva les yeux et vit une personne dans les airs sur le cheval Lièvre rouge en soulevant le sabre Lame du croissant du dragon vert, c'était Guan Yu. Le maître Pujing demanda à l'âme de Guan Yu pourquoi celle-ci réclamerait sa tête alors que lui-même tua et décapita des gens dans l'accomplissement de leur devoir. Comprenant les paroles du maître, Guan Yu atteint l'illumination et devint bodhisattva. Voyant que Guan Yu ne reviendrait jamais sur le champ de bataille, le cheval Lièvre rouge siffla en creusant un grand trou dans le sol où jaillit de la source claire. Le cheval pleura de plus en plus fort, les larmes s'égouttèrent dans la source et se transformèrent en perles. C'est pourquoi la source au pied de la montagne Yuquan est appelée la source des perles.

27-5 La base de la tour de fer du Temple Yuquan

Temple bouddhiste Cheng'en à Gucheng

Pic du Lion au pied nord de la montagne Wuduo, bourg de Cihe, district de Gucheng, , ville de Xiangyang

Le Temple Cheng'en (Temple de Grâce) est situé au pied du mont Lion au nord de la montagne Wuduo, au bourg de Cihe, district de Gucheng, ville de Xiangyang. Contruit de l'année 605 à 618 sous la dynastie des Sui, il était appelé Temple Baoyan (Temple des Pierres précieuses). Il fut reconstruit pendant l'ère Guangde de la dynastie des Tang (763–764) et portait désormais le nom du règne Guangde. Il fut restauré et puis détruit à plusieurs reprises sous les dynasties Song et Yuan. Finalement, le temple s'effondra dans les feux de la guerre à la fin de la dynastie des Yuan. Le temps passa. A l'ère Yongle (1403-1424) de la dynastie des Ming, l'empereur Chengzu décréta la restauration du temple lors de sa visite au sud. L'abbé Juecheng présidait alors le temple, il le rénova et construisit successivement des halls, une tour du clocher et des dortoirs. Le temple fut ainsi devenu le plus grand temple au nord-ouest de la province du Hubei, comptant des centaines de pièces et hébergeant des milliers de moines. Pendant la période Tianshun, toujours sous la dynastie des Ming, l'empereur Zhu Qizhen fit construire ici des palais, des routes et des ponts et les dédia à son oncle Zhu Zhan qui l'aida à remonter au trône. Reconnaissant, ce dernier demanda le décret impérial de changer le nom de la montagne en Yong'an (Montagne de la Paix éternelle) et celui du temple en Cheng'en (Temple de Grâce). L'empereur Zhu Qizhen l'approuva et dédicaça la plaque portant le nom « Temple de Cheng'en » (Temple de Grâce). Ainsi, le temple fixa son nom. Il fut l'objet de plusieurs restaurations aux ères Chenghua, Jiajing, Wanli de la dynastie des Ming et aux ères Kangxi, Qianlong, Daoguang, Xianfeng et Guangxu de la dynastie des Qing.

Orienté du nord au sud, le complexe du temple Cheng'en s'empile sur la montagne et est disposé symétriquement selon l'axe central. Les nombreuses constructions sont étagées en terrasses, avec un écart en altitude de plus de 20

28-1　La porte principale　　　　　　　　28-2　La tour du clocher

mètres. Les principaux bâtiments existants sont la tour du clocher, le palais de Tianwang (palais des Rois célestes) et le palais Chongsheng (aussi appelé palais de Grand Bouddha). Après la porte principale, on arrive au bassin Lingquan (bassin de la source sacrée). Deux escaliers mènent sur la plateforme où s'érige le palais des Rois célestes. Sur les deux côtés de la plateforme se font face la tour du clocher et celle du tambour (la dernière est détruite). Après avoir traversé le palais et la cour derrière (avec des chambres de moines des deux côtés), on monte encore des escaliers. On passe le portail et entre dans une autre cour (avec des chambres d'hôtes des deux côtés). On monte toujours des escaliers pour atteindre le palais principal, Palais de Grand Bouddha, situé tout au milieu de l'axe central. De plan carré, le palais est coiffé du toit en demi-croupe à double avant-toit. Il mesure 20,8 mètres de large et de long, et s'élève à 19 mètres de haut. Ce palais majestueux abrite le Bouddha Vairocana (également connu sous le nom de Grand Bouddha Soleil), qui est la principale statue de Bouddha dans les monastères bouddhistes tantriques. La statue de Bouddha mesure environ 10 mètres de haut, est décorée d'or et a l'air gentil et aimable. Comme le palais, cette statue possède une histoire de plus de 500 ans.

　　Le temple préserve deux trésors. L'un est la tour du clocher qui se trouve à l'est du palais des rois célestes. Orientée d'est en ouest, elle mesure 11,2 mètres de large et de long. Elle est de plan rectangulaire et a deux étages. Le toit à pignon et en croupe est en tuilerie vernissée. La cloche en bronze suspendue au deuxième étage fut dotée par l'empereur Xianzong en 11ᵉ année de Chenghua sous la dynastie des Ming (en 1475). Elle mesure 2,3 mètres de haut et pèse environ 5 000 kg. Le corps de la cloche est magnifiquement décoré. Solide et lourde, la cloche sonne profondément et longtemps et peut parcourir des dizaines de kilomètres.

L'autre trésor est le « Vajra Prajna Paramita Heart Sutra » dédié par l'empereur Xianzong de la dynastie des Ming, écrit en laque et en écriture régulière de la calligraphie chinoise. Ce soutra dessine plus de 1 000 statues des bouddhas et raconte des dizaines d'histoires bouddhistes. Les dessins exquis retracent les personnages vivants et la couleur ne s'est point fanée tout en résistant 500 ans. Ce grand ouvrage est réalisé par Qiu Ying, un célèbre peintre de la cour de la dynastie des Ming.

La légende prétend que la fille de l'empereur Yang de la dynastie des Sui attrapa la gale et devint chauve. Elle se portait volontaire pour être nonne. Un jour, une vache blanche transporta la princesse au pied nord de la montagne Wuduo, au bord d'un ruisseau clair qui coulait du pic du Lion. La forêt de bambous était luxuriante, le paysage était tellement beau que la princesse décida d'y construire un couvent. Elle pratiquait le Bouddhisme et prenait un bain tous les jours dans le ruisseau. Au fil du temps, ses plaies furent finalement guéries. Cette bonne nouvelle enchanta l'empereur, qui ordonna par la suite d'y construire un temple bouddhiste, le temple Baoyan, prédécesseur du temple Cheng'en. Après la mort, la princesse fut enterrée ici, un lieu béni d'après le Fengshui. Aujourd'hui, il y a encore un monticule à côté du temple, sur lequel est inscrit le « Tombeau de la princesse Yang de la dynastie des Sui ». Devant le temple, il y a un étang, appelé Woniu (étang où est accroupie la vache). Une vache en pierre est allongée dans l'étang. On dit que cet étang est le premier lieu où la vache blanche transporta la princesse. On dit également que le bassin Lingquan (bassin de la source sacrée) est la source que la princesse buvait. L'eau de la source est douce et claire, les habitants croient encore qu'elle peut guérir la gale.

Temple bouddhiste Cheng'en à Gucheng

28-3 La porte Yong'an Zhaoti

28-4 Le Palais de Grand Bouddha (façade)

28-5 Le Palais de Grand Bouddha (vue de dessus)

Temple Sizu à Huangmei

 Montagne Shuangfeng, à 15 kilomètres au nord-ouest du comté de Huangmei

Le Temple Sizu est situé à la montagne Shuangfeng (appelée aussi la montagne Xishan) à 15 kilomètres au nord-ouest de Huangmei. Il était appelé le Temple Zhengjue, également connu sous le nom de Temple Shuangfeng ou Temple Xishan. Il fut créé par Daoxin, le quatrième patriarche chinois de l'école bouddhiste Chan. Né dans la famille Sima, il était originaire de Yongning, Qizhou (maintenant Wuxue, Hubei). Il commença sa carrière monastique à l'âge de sept ans. À l'âge de quatorze ans, il pratiqua la méditation avec maître Sengcan, le troisième patriarche de l'école bouddhiste Chan, puis il voyagea à Jizhou et Jiangzhou. À l'âge de 26 ans, nommé pour succéder au troisième patriarche, il pratiqua au Temple Dalin à la montagne Lushan pendant plus de dix ans. En 3e année de l'ère Wude sous la dynastie des Tang (en 620), il s'installa dans la montagne Shuangfeng. En 7e année de l'ère Wude sous la dynastie des Tang (en 624), il établit le Temple Zhengjue où il resta plus de 30 ans pour propager le Dharma. En effet, les trois patriarches précédents, de Bodhidharma à Sengcan, avaient vécu en ermites, moines errants, ou abrités par d'autres communautés. Le quatrième patriarche Daoxin établit la première communauté monastique Chan en changeant la mode de vie et la manière de propager le Dharma. Depuis lors, les moines ne vécurent plus de l'aumône, mais du travail collectif : ils considérèrent le travail quotidien tel que couper du bois et transporter de l'eau comme une pratique bouddhiste. La communauté monastique Chan favorisa la localisation du bouddhisme en Chine, ce qui est d'une grande importance dans l'histoire du développement du bouddhisme chan. En conséquence, le Temple Sizu était vénéré comme le « premier temple Chan ».

Pendant l'ère Zhenguan de la dynastie des Tang, l'empereur Taizong, Li Shimin admirait la réputation du quatrième patriarche chinois de l'école bouddhiste Chan et l'appela plusieurs fois à la cour royale, mais fut refusé par Daoxin. Au cours de

29-1 Le portail du Temple Sizu

la 2ᵉ année du règne de Gaozong sous la dynastie des Tang (en 651), Daoxin décéda et son disciple Hongren prit sa succession en devenant le cinquième patriarche chinois de l'école bouddhiste Chan. À la fin de la dynastie des Tang, le quatrième patriarche Daoxin fut nommé Dayi Chanshi, Maître chan le grand médecin. Pendant les dynasties des Tang et Song, il comptait plus de 800 salles et chambres et abritait 1 000 moines. Au fil des dynasties, le temple fut détruit et reconstruit à plusieurs reprises : En 14ᵉ année du règne de Zhengde sous la dynastie des Ming (en 1519), il fut détruit dans un incendie et reconstruit ; il s'effondra pendant la période Wanli et reconstruit ; en 4e année du règne de Xianfeng sous la dynastie des Qing (en 1845), il fur détruit dans les guerres et reconstruit pendant la période Guangxu ; À la fin de la dynastie des Qing et au début de la République de Chine, il fut à nouveau détruit, ne laissant que trois pagodes, trois salles et quelques cyprès anciens. Ces dernières années, le Temple Sizu a été réparé et entretenu par le gouvernement chinois, et le temple millénaire a retrouvé son éclat.

Les bâtiments historiques importants du Temple Sizu comprennent la Pagode Vairocana, la Pagode Zhongsheng, la Pagode Yibo, le pont Lingrun, la salle Sizu et le portique Ciyun. En outre, les sites pittoresques les plus célèbres incluent la grotte

Shoufa, la source Zhuoxi, le rocher Shiyu, l'étang Xiubi et la terrasse Diaoyu. La Pagode Vairocana, parfois appelée Pagode Ciyun, construite en 2e année de l'ère Yonghui sous la dynastie des Tang (en 651). Après la mort de Daoxin, son corps fut placé dans la Pagode Vairocana, donc cette pagode est autrement appelée Pagode Zhenshen (Pagode du vrai corps). Construite en briques, la Pagode Vairocana imite la structure en bois. Elle mesure 15 mètres de haut, 10 mètres de large et 9 mètres de profondeur. Plan quasiment carré, elle est située sur la base d'un bâtiment de style bouddhiste à double couche. Il y a de petites portes de lotus en plein cintre sur les murs aux quatre points cardinaux, à l'exception de la porte nord, la pagode est dotée de portes réelles. Le mur est sculpté de motifs de lotus en haut et en bas et de motifs de chèvrefeuilles et de lotus au milieu, Il y a une inscription gravée sur le haut du mur et les quatre coins sont décorés en forme d'un grand oiseau aux ailes dorées. Avec un chatior en pyramide, la pagode a la forme d'un pavillon à double toit. Sous les avant-toits, il y a des motifs de pétales de lotus et d'herbe frisée. La Pagode Vairocana a une apparence majestueuse et des détails joliment décorés. C'est la deuxième plus ancienne pagode monocouche en Chine.

29-2 La Pagode Vairocana

29-3 Le Pagode Yibo

29-4 Le pont Lingrun

29-5 La salle des quatre rois célestes

29-6 La salle Sizu

Située à l'est de la Pagode Vairocana, la Pagode Zhongsheng est parfois appelée le pavillon Luban. Exposé plein sud, il est construit en granit en imitant la structure en bois. De forme hexagonale, il est soutenu par six piliers en pierre à six angles. Il y a des fenêtres treillissées en forme de losange creusées sur le mur entre les piliers, et une entrée ouverte au sud. Le pavillon mesure 8 mètres de haut, avec un chatior à l'avant-toit simple et une flèche en forme de bouteille de lotus. Au milieu du pavillon, se trouve une petite tour ovale en pierre, haute de 2,25 mètres, posée sur la base d'un bâtiment de style bouddhiste hexagonal. On dit que la Pagode Zhongsheng est en fait cette petite tour de pierre à l'intérieur, et que le Pavillon Luban à l'extérieur de la tour est utilisé pour protéger la tour de pierre. Ensemble, ils sont appelés la Pagode Zhongsheng.

La Pagode Yibo, aussi connue comme la Pagode Zushi, est une pagode en pierre à un étage, imitant une structure en bois. La pagode a une base carrée de

29-7　La porte du portique Ciyun

29-8　L'extérieur du portique Ciyun

3,8 mètres de haut. Sur laquelle, il y a, de bas en haut, une base d'un bâtiment de style bouddhiste hexagonal, un corps de la pagode en forme de tambour, un toit hexagonal et une flèche en forme de bouteille. La pagode est finement sculptée avec des motifs de bêtes et de fleurs.

Le pont Lingrun fut construit en 10e année de l'ère Zhizheng sous la dynastie des Yuan (en 1350). C'est un pont de pierre une seule arche traversant le ruisseau

Yanquan. Le pont mesure environ 20 mètres de long et environ 6 mètres de large et a une portée de 8 mètres. Sous la dynastie des Qing, une galerie couverte d'un avant-toit simple fut construite sur le pont. Dans les deux côtés de la galerie, il y a des portes cintrées et des murs trapézoïdaux gravés d'inscriptions et sculptés de relief d'oiseaux et de bêtes.

Sous le pont se trouve un rocher. Lorsque le ruisseau se précipitait, les vagues heurtaient le rocher et éclaboussaient partout, comme des poissons jouant dans l'eau, d'où le nom du rocher Yushi. Sur le rocher, il y a trois caractères Biyu Liu écrits par Liu Zongyuan.

Une légende prétend que Daoxin, le quatrième patriarche, est non seulement un grand maître chan, mais aussi un médecin compétent. En plus de pratiquer et de propager le Dharma, il guérit et sauva également les gens. Le Temple Sizu eut alors une grande réputation et devint le lieu de pèlerinages fervents et de vives dévotions. En entendant cela, l'empereur de Jade voulut tester les capacités du quatrième patriarche. Il apprit que le quatrième patriarche allait construire une pagode devant le temple en priant pour la prospérité du pays est et la paix du peuple, alors il demanda à Luban de venir rivaliser avec Daoxin. Lu Ban est l'ancêtre des charpentiers et des tailleurs de pierre. Après avoir reçu l'ordre de l'empereur de Jade, il informa Daoxin de ses intentions, en disant : « Vous construisez la pagode en brique bleue et je fais un pavillon de pierre. Le travail commence après la tombée de la nuit et se termine après le premier chant du coq. Le premier qui finit la construction gagne. » Le quatrième patriarche accepta. Après la tombée de la nuit, un patient gravement malade vint soudainement le voir. Le quatrième patriarche déposa immédiatement le travail et soigna le patient. Au moment où le patient fut hors de danger, Luban termina déjà plus de la moitié de la construction. Voyant qu'il était trop tard pour la construction de la pagode, le quatrième patriarche dut voler vers l'ouest pour déplacer la Pagode Vairocana devant le Bouddha à Tianzhu et le mettre sur la base. Ému par la bienveillance du quatrième patriarche, Luban se rendit volontairement et s'arrêta dans la dernière étape de la construction du pavillon. Jusqu'à présent, les gens peuvent encore voir l'absence de toiture en granit au sommet du pavillon Luban. Et cette plaque de toiture est placée à côté du pavillon depuis des milliers d'années, et personne ne l'a jamais recouverte.

Temple Xuanmiao à Jingzhou

 La rue Jingbei, district de Jingzhou, ville de Jiangzhou.

Le Temple Xuanmiao (temple de l'Essence mystérieuse) est un temple taoïste. Il est situé aujourd'hui dans la rue Jingbei, dans le district de Jingzhou, adossé au mur nord des remparts de la ville. Il fut construit en 9ᵉ année de Zhenguan sous la dynastie des Tang (en 635), et se trouvait alors au nord-ouest de la ville. En 2ᵉ année de Dazhong Xiangfu sous la dynastie des Song du Nord (en 1009), il fut rebaptisé Temple Tianqing. En 3ᵉ année de Yuanzhen sous le règne de Yuan Chengzong (en 1297), il reprit le nom d'origine, Temple Xuanmiao. En 5ᵉ année de Zhiyuan, toujours sous la dynastie des Yuan (en 1339), l'empereur Yuanshun nomma le bonze Tang Dongyun comme le neuvième immortel après les Huit Immortels. Il déplaça le temple à son emplacement actuel et octroya la plaque portant « Palais des Neuf Vieux Immortels ». Le temple occupa une place importante et influente pendant un certain temps. Sous la dynastie des Ming, en 8ᵉ année de Zhengde (en 1513), le temple fut ruiné par un incendie et fut ultérieurement transformé en académie. Au cours de la 8ᵉ année de Wanli sous la dynastie des Ming (1580), le temple fut restauré et reprit les activités religieuses. Sous la dynastie des Qing, l'empereur Kangxi monta sur le trône. D'après la tradition, porter le caractère du nom de l'empereur était un tabou. Afin d'éviter le nom Xuanye de l'empereur, le temple Xuanmiao fut rebaptisé Yuanmiao. À la fin de la dynastie des Qing, le temple était dans un état délabré. En République de Chine, il fut renommé Temple Xuanmiao. La plupart de ses bâtiments annexes furent détruits. Il faut attendre jusqu'aux années 1980 pour que le temple soit entièrement réparé.

Orienté au sud, le temple couvre une superficie de 17000 mètres carrés. A son apogée, il comportait de nombreux bâtiments, comme la porte principale, le palais de quatre Saints, le palais Sanqing (palais des trois Maîtres suprêmes, les plus hautes divinités dans le taoïsme), le pavillon de l'Empereur de Jade, les trois portes

Temple Xuanmiao à Jingzhou

30-1　la porte principale

30-2　Le pavillon de l'Empereur de Jade

30-3 Le pavillon de l'Empereur de Jade, les trois portes célestes et le palais de Xuanwu (vue de dessus)

célestes, le palais de l'Empereur Pourpre (également connu sous le nom de palais de Xuanwu), le palais de la Mère sacrée et le palais de l'Empereur Zitong (appelé aussi palais de l'empereur Wenchang, dieu responsable de la renommée et du grade). Les 6 premiers étaient alignés verticalement du sud au nord l'un après l'autre. Les trois portes célestes et le palais de l'Empereur Pourpre étaient érigés sur une plateforme, de deux côtés de laquelle se trouvaient le palais de la Mère sacrée et le palais Zitong.

Les bâtiments existants sont la porte principale, le pavillon de l'Empereur de Jade, les trois portes célestes et le palais de l'Empereur Pourpre. Le pavillon de l'empereur jade est construit en 12e de Wanli sous la dynastie des Ming (en 1584). Il se situe sur une plateforme mesurant 14 mètres de long et de large et 1,5 mètre de haut. De plan carré, le pavillon fait 11,35 mètres en largeur et en longueur, et 15 mètres en hauteur. Il compte 3 étages avec 3 avant-toits et ressemble à une tour : les 3 étages passent par une gradation décroissante, du plus large au rez-de-chaussée au plus réduit au dernier étage. Le toit est de tuiles vernissées jaunes, surmonté d'un sommet doré en bronze. Le sommet est comme un lotus doré qui fleurit dans le ciel et fait écho au palais de l'Empereur Pourpre à l'arrière. Le palais de l'Empereur Pourpre et les trois portes célestes sont également situés sur une plateforme, qui fait 6,1 mètres de haut et 10,2 de long et de large. La plateforme est construite à l'époque Kangxi de la dynastie des Qing (1662-1722). Elle est entourée de murs de tous côtés et ainsi est formée une cour profonde. 24 marches protégées de balustrades de pierre mènent sur la plateforme. Les trois portes célestes sont en briques, avec un toit en demi-croupe au double avant-toit. Elles mesurent 6,2 mètres de long et 2 mètres de large. Les trois portes sont sous forme d'arches, celle au milieu porte une plaque de pierre inscrivant « trois portes célestes ». Derrière les portes célestes c'est le palais de l'empereur pourpre qui a trois travées de largeur et trois de profondeur, avec un double avant-toit. Le toit en demi-croupe était en tuile jaune et gris. Lors de la restauration en 1985, on l'a mis en tuile vernissée jaunes. Le palais est digne, simple et élégant.

Bâtiments taoïstes dans le Mont Wudang

 à Shiyan

Le Mont Wudang, également connu sous le nom du « Mont Taihe » et « Mont Xianshi », serait l'endroit où le Xuanwu du temps immémorial (également connu sous le nom de Zhenwu) est devenu le saint et monté au ciel. C'est une célèbre terre sainte taoïste dans notre pays. Le Mont Wudang est situé dans la ville de Shiyan, au nord-ouest de la province du Hubei. Il est relié à la Chaîne Qinling au nord et aux Monts Bashan au sud. Il s'étend sur plus de 400 kilomètres, soixante-douze monts, trente-six rochers, vingt-quatre ravins, neuf sources, trois étangs profonds constituent le paysage majestueux et magnifique, comme le résument les vers « soixante-douze pics donnent sur le grand toit, vingt-quatre ravins roulent sans cesse ». Le taoïsme dans le Mont Wudang a une longue histoire. On dit que de nombreux maîtres s'y formèrent, tels que Yinxi de la dynastie des Zhou, Yin Changsheng de la dynastie des Han, Xie Yun de la dynastie des Jin, Lu Chunyang de la dynastie des Tang, Chen Tuan des Cinq Dynasties et des Dix Royaumes, Jiranzi de la dynastie des Song, Zhang Shouqing de la dynastie des Yuan, Zhang Sanfeng de la dynastie des Ming etc. Les bâtiments taoïstes du Mont Wudang furent construits sous la dynastie des Tang. Selon les documents historiques, lors de l'ère Zhenguan sous la dynastie des Tang (627-649), il y avait une grave sécheresse à Junzhou, le chef de la préfecture reçut un décret et pria pour obtenir la pluie, enfin, les cinq dragons chinois apparurent surnaturellement, et donnèrent la pluie, donc l'empereur Taizong de la dynastie des Tang construisit le temple des cinq Dragons sous le mont Lingying. De l'ère Zhide à l'ère Dali sous la dynastie des Tang (757-779), les temples des ancêtres Taiyi et Yanchang furent construits, et le nouveau temple Shenwei Wugong fut construit en 3e année du règne de Qianning sous la dynastie des Tang (en 896). En 2e année du règne de Tianxi sous la dynastie des Song du Nord (en 1018), l'empereur Zhen éleva le temple des ancêtres des cinq Dragons en tant que le temple des cinq Dragons. Lors de l'ère Xuanhe sous la dynastie des Song du Nord (1119-1125), l'empereur Hui construisit le Palais Zixiao au pied du Mont Zhanqi. Lors du règne de l'empereur Li sous la dynastie des Song du Sud (1225-1264), avec le décret, le palais fut construit à Nanyan. À la fin de la dynastie des Song du Sud, la plupart des bâtiments furent détruits par l'armée de Jin. En 12e année du règne de Zhiyuan sous la dynastie des Yuan (en 1275), le temple taoïste du Mont Wudang fut rouvert. Les taoïstes Wang Zhenchang (alias Jiranzi), Lu Dongyun, Zhang Shouqing conduisirent des gens à reconstruire les Palais Nanyan, Wulong et Zixiao. En 23e année du règne de Zhiyuan sous la dynastie des Yuan (en 1286), Kublai Khan publia un édit et a élevé le temple des cinq Dragons au palais des cinq Dragons. En 1ère année du règne de Huangqing sous la dynastie des Yuan (en 1312), l'impératrice-mère finança à construire le Palais de Tianyizhenqing grâce aux prières de Zhang Shouqing pour la pluie et la guérison de la maladie, donna la planche inscrite horizontale au « palais de Tianyizhenqing wanshou ». À la fin de la dynastie des Yuan, la plupart de ces bâtiments furent détruits, à l'exception de la salle de bronze de la dynastie des Yuan dans le Palais Nanyan TianyizhenQing et de la Salle Zangdian sur le Mont Xiaolian. De la 10e à la 22e année du règne de Yongle sous la dynastie des Ming (1412-1424), l'empereur Cheng envoya 300 000 artisans militaires et civils sur le Mont Wudang. Il fallut 13 ans pour construire huit palais, neuf temples, trente-six huttes et soixante-douze temples rocheux, une centaine de pont en pierre, et d'arches etc. En 2e année de Chenghua sous la dynastie des Ming (en 1466), le Palais Ying'en fut construit. De la 31e et 32e année du règne de Jiajing sous la dynastie des Ming (1552-1553), le temple fut réparé et fut agrandi, et une arche en pierre « Zhi shi xuan yue » fut construite, qui a perfectionné la disposition du temple de la famille impériale et transforma le Mont Wudang en « un lieu sacré où l'on enseigne les doctrines de Zhenwu ».

Les bâtiments s'étendent de bas en haut le long des deux ruisseaux du pied nord du Mont Wudang. Selon l'histoire de la descente de Zhenwu sur la terre pour pratiquer le taoïsme, celle de la montée au ciel après avoir obtenu la Voie et la manifestation de la gouvernance du saint, l'ensemble des bâtiments est divisé en trois parties : le monde humain, la montagne des immortels et le ciel. Leur proportion de longueur est de trois contre deux contre un, ce qui coïncide avec l'idée que « L'homme suit la terre, la terre suit le ciel, le ciel suit le Tao et le Tao suit la

31-1 Le paifang « Zhishi xuanyue »

nature » dans *le Tao-tö-king* et « Du Tao engendre l'Un, Un engendre Deux, Deux engendre Trois et Trois les dix mille êtres ». Dans le choix du site spécifique et la forme du bâtiment, on combine et respecte la topographie de la montagne, suit la configuration de montagne, et profite intelligemment de la nature, de sorte que les bâtiments sont « construits par l'homme, mais ils ont l'air naturels », et atteint un état « le Tao suit la nature et une harmonie de l'Homme et de la nature ». La partie du monde humain commence par l'ancien Junzhou jusqu'à la Porte Xuanyue. La disposition est basée sur l'apparition de la divinité de Zhenwu, sur l'histoire de la reine Shansheng du royaume de Jingle, qui a grandi et s'est consacrée à la pratique taoïste. Le terrain est plat. Un groupe de petits bâtiments, tels que le Temple Ziyang, le Temple Shenfu, le Temple Jinfu etc. sont disposés dans un rayon de trois à cinq lis, et un groupe de grands bâtiments disposés par huit à dix lis, comme le Palais Jingle, le Temple Xinglong, le Temple Yingen et le Temple Xiuzhen etc. La partie de la montagne des immortels commence par la Porte Xuanyue jusqu'à Nanyan. La disposition emprunte trois histoires de Zhenwu qui est entré dans la montagne pour pratiquer le taoïsme. La première est l'histoire du prince Zhenwu qui fut éclairé par Ziyuanzhenjun à l'âge de 15 ans et alla à la Montagne Taihe pour s'exercer. De la Porte Xuanyue, il y a les Palais Yuzhen et Yuxu, et puis le Temple Huilong, la Hutte Huixin, le Puits Mozhen et le Temple Fuzhen. Cet état interprète l'histoire du prince qui songea à la vie séculière et descendit de la montagne, et puis il éclairé par Ziyuanzhenjun, puis retourna à la montagne pour pratiquer le taoïsme. La seconde est l'histoire du prince traversant la rivière et entrant dans le monde des immortels pour s'entraîner. Dans cet état, il y a des bâtiments tels que le Temple Longquan, le Pont Tianjin, le Temple des immortels, le Palais Zixiao et la Caverne Taizi. La troisième raconte que pendant les pratiques taoïstes du prince, le tigre noir patrouilla dans les montagnes pour lui, les corbeaux signalèrent l'aube et après Ziyuanzhenjun se déguisa en belle femme pour le séduire, mais le prince restait impassible, et finalement monta au ciel en grimpant l'usnée. Dans cet état, il y a des bâtiments tels que le Temple du Tigre noir, le Temple du Corbeau, le Palais de Nanyan, la Terrasse de toilette et le rocher d'ascendance. La partie du ciel commence par la Montagne de Corbeau jusqu'au Temple d'Or. Dans cette partie, la disposition emprunte l'histoire de Zhenwu qui obtint la Voie et monta le ciel, fut canonisé par l'empereur de Jade et prit le contrôle du monde. Du flanc de la montagne au sommet de la montagne, il y a le Temple Langmei, le Pont Huixian, le Palais Chaotian, puis la Porte Yitian, Ertian et Santian, puis en haut se trouvent le Palais Taihe et le Palais d'or. Le terrain est escarpé, le rythme est rapide et la fluctuation est forte. Il y a des cours dans cet endroit doux, et des portes de ciel et des sanctuaires sont construits au pic du rocher et de la montagne. Des palais de jade richement décorés, les nuages superposent et déplient, ce qui donne aux gens le sentiment de « se perpétuer avec le ciel et la terre, avec le soleil et la lune en même temps ».

L'arche « Zhishi xuanyue » est située au pied nord du Mont Wudang, près du réservoir Danjiangkou. C'est la première porte d'entrée vers le Mont Wudang, également connue sous le nom de « la Porte Xuanyue ». Construite en 31e année du règne de Jiajing sous la dynastie des Ming (1552), avec quatre colonnes et trois travées en cinq étages, l'arche de pierre présente une apparence imitant celle du bois et est assemblée à mortaises et tenons en pierre. Sur le front se trouvent les quatre caractères *Zhi shi xuan yue* écrits par l'empereur Jiajing, ce qui signifie que le mont Taihe est le premier des cinq monts sacrés et que le Xuanwu arctique garde le nord. Elle mesure environ 12 mètres de haut et 13 mètres de large. Le front, les avant-toits et les piliers sont tous sculptés de sculptures en relief, ciselées et circulaires pour graver des motifs tels que des poissons à tête de dragon, des dragons recroquevillés, des grues immortelles, des nuages, des vagues d'eau, des ruyi, de l'herbe bouclée, des fleurs et des personnages. La forme est simple et majestueuse, vive et magnifique, grandiose et gracieuse, c'est un art de la sculpture en pierre de la dynastie des Ming.

Le Palais Yuzhen est situé au pied oriental du Mont Wudang et est le premier palais après être entré dans la montagne. Selon *L'histoire de la montagne Dayue Taihe*, lors de l'ère Hongwu de la dynastie des Ming (1368-1398), le taoïste Zhang Sanfeng, qui était considéré comme une incarnation de la valeur martiale et de l'intégrité, y construisit une hutte et le nomma la Maison Huixian. Il combina le yin et le yang du taoïsme avec les arts martiaux et créa le Wudang Kungfu qui utilisait la douceur pour surmonter la force et la tranquillité pour freiner la mobilité. Le Wudang Kungfu était aussi célèbre que le Shaolin Kungfu et jouit d'une renommée

31-2 Le Palais Yuzhen (vue de dessus)

importante dans le monde entier. L'empereur fondateur de la dynastie des Ming, Zhu Yuanzhang envoya des gens pour le chercher, mais en vain, et après Zhu Di, l'empereur Chengzu de la dynastie des Ming, fit la même tentative, mais encore en vain. Par la suite, il construisit le Palais Yuzhen en 10e année du règne de Yongle (en 1412) pour confier et ses sentiments ses admirations. Le palais Yuzhen fait face à la montagne Jiulong et est adossé à la montagne du Phénix. Il fut construit en 3 ans et occupait une superficie d'environ 30000 mètres carrés. Il possède le palais Zhenxian, porte principale, une galerie, chambres du supérieur d'est et celui d'ouest, salle à manger, cuisine, salle à s'exercer, entrepôt, salle de bain etc., totalise 97 bâtiments. Lors du règne de Jiajing (1552-1566), ce palais fut agrandi à 296 chambres et fut nommé « le palais Yuzhengong ».

Le Palais Yuxu est situé au nord-ouest du sommet principal du Mont Wudang, à environ 4 kilomètres de la Porte Xuanyue. Le nom complet est « le Palais Xuantian Yuxu ». Sous la dynastie des Ming, Wudang fut beaucoup développé, c'était le camp de base à l'époque, il était également appelé le Palais laoying. Construit en 11e année du règne de Yongle sous la dynastie des Ming (1413), le Palais Yuxu fut réparé et agrandi en 31e année du règne de Jiajing (en 1552), il était le plus grand groupe de bâtiments des huit palais des Monts Wudang. Le groupe de bâtiments est orienté au sud et le plan se présente sous la forme de T. Il est divisé en cité

31-3 Le hall principal du Palais Yuzhen (façade)

extérieure, cité interdite et cité intérieure selon le modèle de construction du palais ancien impérial, qui présente 5 portes, 3 zones administratives et 2 zones de repos. Les bâtiments principaux sur l'axe central comprennent le Palais Dragon-Tigre, la Salle Shifang, le Palais Xuandi, le Palais Parent et la Porte Dagong, la Porte Ergong, le Pont Yudai, le Pavillon de la stèle impériale, la salle annexe et la galerie. Dans le Donggong et le Xigong, il y a des cuisines divines, des bibliothèques divines, des salles de bains, des chambres, des salles à manger et. En 10e année du règne de l'empereur Qianlong sous la dynastie des Qing (en 1745), la plupart des bâtiments furent détruits par le feu. En 1938, certains bâtiments en bois furent détruits dans les inondations du Fleuve Han. Le mieux conservé des bâtiments existants est la Porte Dagong, qui est une structure en brique et bois avec un toit en tuiles vitrifiées vertes à un seul avant-toit en toit en demi-croupe et trois portes cintrées, construite sur le piédestal d'une statue de Bouddha. Il y a une paire de pavillons de stèles royales à l'intérieur et à l'extérieur de la porte. L'un est une relique de la période Yongle et l'autre est une relique du règne de Jiajing. Il y a une grande tortue en pierre dans

31-4 Le Palais Yuxu (vue de dessus)

31-5 Le hall Yuxu du Palais Yuxu (façade)

31-6 La porte principale du Palais Yuxu

chaque pavillon, portant une stèle en pierre de six mètres de haut.

Le Palais Zixiao est le palais le mieux conservé parmi les bâtiments anciens Wudang. Il est situé au pic Zhanqi, au nord-est du Pic Tianzhu, fait face aux Pics Sangong, Wulao et Baozhu. La gauche et la droite sont le Pic Penglai et le Pic Leidong. Un ruisseau serpente dans la montagne, et le paysage est calme et magnifique. Le Palais Zixiao fut construit lors de l'ère Xuanhe sous la dynastie des

31-7 le hall Zixiao du Palais Zixiao (façade)

Song du Nord (1119-1125), reconstruit en 2e année du règne de Zhiyuan sous la dynastie des Yuan (en 1336), reconstruit en 10e année du règne de Yongle sous la dynastie des Ming (1412), agrandi en 31e année du règne de Jiajing (en 1552), et réparé plusieurs fois sous la dynastie des Qing. Le Palais Zixiao a une disposition symétrique selon l'axe central. Sur l'axe central, se trouvent la Salle de Dragon-Tigre, le Pavillon de la stèle impériale, la Salle Shifang, le Palais Zixiao, le Palais Parent et d'autres bâtiments principaux construits de bas en haut le long de l'axe central. Des clochers et des tours de tambour, des pièces latérales, etc. sont placés des deux côtés du bâtiment. Le Palais Zixiao est situé sur la plate-forme de trois étages, avec une structure en brique et bois, un double avant-toit et en toit en croupe et à pignon d'Asie de l'Est, et en tuileries vernissées. Le hall principal comprend à peu près cinq travées de 26 mètres de large, cinq travées de 18 mètres de profondeur et 20 mètres de hauteur, le faîte du toit est orné d'oiseaux et de quadrupèdes. Le plafond à caisson octogonal dans la salle a un relief de deux dragons jouant avec des perles. Il y a des peintures colorées partout au plafond, aux supports Dougong et aux poutres. C'est richement orné. Parce que le Palais Zixiao était le lieu de bénédiction royale pour le taoïsme Wudang dans l'histoire, sa structure est superbement conçue, la disposition est solennelle et l'ameublement est exquis. C'est la structure en bois

Bâtiments taoïstes dans le Mont Wudang

31-8　Le Palais de Nanyan (vue de dessus)

31-9　Le hall Xuandi du Palais de Nanyan (façade)

la plus représentative du palais du Mont Wudang.

Le Palais de Nanyan est situé sur le rocher Nanyan. Nanyan est le plus bel endroit parmi les trente-six rochers de Wudang. Ses sommets sont étrangement escarpés, avec des forêts luxuriantes, reliées au ciel en haut et des ruisseaux profonds en bas, et on dit que c'est l'endroit où l'empereur Zhenwu obtint le Tao et monta au ciel. Dès les dynasties des Tang et des Song, les taoïstes pratiquaient à Nanyan. Selon *la Stèle du grand palais de la longévité Tianyizhenqing*, en 12e année du règne de Zhiyuan sous la dynastie des Yuan (en 1275), le taoïste Wang Zhenchang construisit une chaumière à Nanyan. Dès la 23e année du règne de Zhiyuan sous la dynastie des Yuan (en 1286), pendant environ vingt ans, il y eut de grands travaux de construction, creusant des rochers et comblant des vallées, une vaste construction de temples. En 1ère année du règne de Yanyou sous la dynastie des Yuan (en 1314), Yuan Renzong octoya la tablette portant l'incription « le palais de longivité Tianyi Zhenqing ». À la fin de la dynastie des Yuan, la plupart des bâtiments du palais Nanyan furent détruits par guerre, et seule la salle en pierre du Palais Tianyizhen Qing demeura. En 11e année du règne de Yongle sous la dynastie des Ming (en 1413), des bâtiments tels que le Palais Xuandi, le Palais Dragon-Tigre et le Palais d'empereur de Jade furent construits sur le pied nord de Nanyan, et ils furent agrandis pendant la période Jiajing, des constructions répétées et des destructions répétées suivent. Les bâtiments existants du palais Nanyan peuvent être divisés en deux parties. Les bâtiments du côté sud sont les vestiges de la dynastie des Yuan et sont encastrés dans la falaise. Ils comprennent principalement la petite porte principale, le Pavillon des huit trigrammes, la Salle Huangjing, la Salle de Liangyi, la Poutre en pierre Longtouxiang, le Zangjingge et la salle en pierre du Palais Tianyizhenqing, le Pavillon guqi etc. Le bâtiment du côté nord fut construit sous la dynastie des Ming et fut restauré à plusieurs reprises. Ce groupe de bâtiments se trouve au nord et fait face au sud, et est disposé à peu près le long de l'axe central. Il y a le Palais Dragon-tigre, le Palais Xuandi et le Palais Zhupei. La salle en pierre du Palais de Tianyizhenqing est un bâtiment en pierres taillées, avec trois travées d'environ 10 mètres de large, trois travées d'environ 7 mètres de profondeur et une hauteur d'environ 7 mètres. Au toit en demi-croupe, et à l'avant-toit simple, il est constitué de poteaux en bois régulièrement espacés, renforcés par des poutres transversales horizontales et des poutres en porte-à-faux. Toutes les poutres, les piliers, les avant-toits, les dougong, les portes et les fenêtres sont sculptées finement. Comme le bâtiment est construit sur des rochers, les composants en pierre sont beaucoup plus lourds que ceux en bois, et tous les composants en pierre sont assemblés avec des mortaises et tenons, ce qui reflète pleinement la difficulté du projet et les compétences exquises des anciens artisans chinois. Empruntant ingénieusement à la topographie des falaises de Nanyan et des sommets ondulés, l'architecture du palais de Nanyan est intégrée à l'environnement naturel, qui met en évidence le thème du vrai dieu guerrier « d'obtenir la philosophie de l'harmonie entre l'Homme et la Nature préconisée par le Dieu Zhenwu qui monta au ciel après avoir obtenu la Voie ».

Le Palais Taihe est situé au-dessus du Pic Tianzhu, le sommet principal du Mont Wudang. Le Pic Tianzhu s'élève à 1613 mètres d'altitude, entouré par de nombreux sommets. Il est connu sous le nom « d'un pilier pour soutenir le ciel ». Le palais Taihe fut construit sous les dynasties des Song et des Yuan, et la construction à grande échelle commença en 10e année du règne de Yongle sous la dynastie des Ming (en 1412). En termes de disposition générale, le Palais Taihe utilise pleinement la topographie imposante du pic Tianzhu, mettant en évidence les idées de « l'harmonie entre l'homme et la nature et le pouvoir impérial accordé par Dieu ». Le complexe de bâtiments est divisé en deux groupes : celui en haut et celui en bas. Un groupe est situé au pied sud du Pic Tianzhu, serpentant le long du flanc de la montagne. Ses principaux bâtiments comprennent la Porte de pèlerinage, la Tour Tianyun, la Tour Huangjing, le Palais Zhuanyun, le Palais Chaobai, le Palais Taihe, la Tour du clocher et du tambour et les salles latérales etc. L'autre groupe est situé dans la Cité Interdite, encerclant le Pic Tianzhu, et ses principaux bâtiments sont la Porte Nantian, le Palais Lingguan, le Jiuliandeng, des pièces latérales, le Palais doré, le Palais de parents, etc. La Cité Interdite, également connue sous le nom de Cité Rouge et Cité Impériale, fut construite en 21e année du règne de Yongle sous la dynastie des Ming (en 1423). Le mur de la cité est composé de pierre de taille et construit le long de la falaise du flanc du Pic Tianzhu. En raison du terrain accidenté, la hauteur du mur varie de 5 à 11 mètres et le périmètre est de plus de 350 mètres. De loin, il ressemble à un halo protégeant le Temple d'or. Il y a des portes de tous les côtés de la Cité Interdite, mais les portes de l'Est, de l'Ouest et du Nord sont des portes « sacrées », qui sont toutes infranchissables. Seule la porte sud est la juxtaposition de « dieu » (au milieu), « fantôme » (à gauche) et « homme » (à droite), parmi lesquels seule la porte « homme » peut atteindre le sommet. Sur la porte, il y a des tours, le siège Xumi est au-dessus des tours. Le bâtiment a quatre colonnes aux quatre coins et un avant-toit unique en toit en croupe et à pignon d'Asie de l'Est. Après la porte du ciel sud, on suit les marches pour atteindre le Temple d'or en passant par le Palais Lingguan et le Jiuliqndeng. Le Temple d'Or est situé au sommet du Pic Tianzhu. Il fut construit en 14e année du règne de Yongle sous la dynastie des Ming (en 1416). Il s'agit d'un bâtiment en bronze doré avec un toit en croupe à double avant-toit. Le Temple d'Or est un palais de bronze en alliage fabriqué en fondant et en coulant 9 types de métaux. Pendant la construction, chaque composant fut coulé séparément, puis les composants ont été transportés au sommet de la montagne, assemblés avec tenons et mortaises, et finalement le corps entier fut doré. Le Temple d'Or fut construit sur un piédestal d'une statue de Bouddha de 72 cm de haut, avec une plate-forme devant, et entouré de balustrades en marbre blanc superbement sculptées. Il a une hauteur de 5,5 mètres, une largeur de trois travées de 5,8 mètres et une profondeur de trois travées de 4,2 mètres. Le Temple d'or est équipé de 12 colonnes, les avant-toits supérieur et inférieur sont équipés de dougong. Dans le temple, le plafond à caisson, les piliers, les poutres, les arcades, les fronts, les portes et fenêtres sont tous sculptés de motifs. La plaque en

31-10 Le Temple d'Or du Palais Taihe (façade)

bronze doré « temple d'or » est suspendue sur les avant-toits supérieurs à l'extérieur du temple, et la plaque en bronze doré « Jin guang miao xiang » est suspendue au-dessus du mur du fond du temple, écrite par l'empereur Kangxi de la dynastie des Qing. Au milieu du temple, il y a une statue assise de l'empereur Zhenwu. À côté, il y a enfant d'or et fille de jade, ils tiennent le sceau et livre, et les gardes gauche et droit tenant le drapeau et l'épée. Les décorations du faîte du toit, les embouts de tuile, les tuiles à dégoutter, ainsi que les statues, les tables et les ustensiles du temple sont tous en bronze. Pendant les orages, les gens voient souvent le tonnerre et la foudre frappant le temple d'or, des éclairs et des boules de feu roulent dans le temple. Mais après l'orage, le temple d'or était intact et brillant comme neuf. Ce phénomène s'appelle « le tonnerre et le feu trempe le temple », c'est une grande merveille à Wudang.

Les bâtiments taoïstes du Mont Wudang a connu un développement sans précédent dans les premières années de la dynastie des Ming, principalement parce que l'empereur Zhu Di voulait étouffer l'opinion publique qui l'accusa d'« avoir tué le roi et d'avoir usurpé le trône » et de « un grand acte de félonie » en construisant des bâtiments taoïstes dans le Mont Wudang. A la fois, diffuser le taoïsme fut un moyen efficace pour que les gens tous croient que le pouvoir impérial étaient décidé par les dieux du ciel et que les gens obéissent aux ordres du gouvernement impérial. Après la mort de Zhu Yuanzhang, son petit-fils Zhu Yunzhang succéda au trône en tant qu'empereur Hui de la dynastie des Ming. En 1ère année du règne de Jianwen (en 1399), l'empereur Hui réduisit les tenures des vassaux. Le roi de Yan, Zhu Di, le quatrième fils de Zhu Yuanzhang, se rebella et s'empara du trône de son neveu sous prétexte d'éliminer les ministres traîtres aux côtés de l'Empereur Hui. Afin de consolider le pouvoir politique, d'apaiser le public et d'éliminer l'opinion politique défavorable, Zhu Di qualifia son mouvent « pacification » et se déclara « suivre l'ordre du ciel et réprimer des révoltes », affirmant que tout ce qu'il faisait était protégé par la volonté de Zhenwu, que son pouvoir fut accordé par le dieu, que c'était l'harmonie de l'homme et de la nature. En outre, la construction des bâtiments du Mont Wudang prépara également les troupes de Zhu Di à déplacer la capitale à Beiping et construire la capitale. On dit que la construction de la Cité Interdite ne prit que trois ans, c'est précisément parce que les troupes s'étaient bien forgées dans si la construction des bâtiments du Mont Wudang. Zhu Di, l'empereur ambitieux des Ming, construisit la Cité Interdite au nord et les bâtiments du Mont Wudang au sud. D'une part, par crainte des dieux, d'autre part, conformément à l'idée taoïste de suivre la nature, il exigea que la construction des temples ne détruise pas la nature, n'abatte pas d'arbres. En conséquence, tous les matériaux en bois ont été réquisitionnés du Hubei, Hunan, Sichuan et Shanxi, et tous les bâtiments ont été construits en fonction des reliefs naturels, ce qui a permis aux bâtiments taoïstes de Wudang d'atteindre un degré élevé d'harmonie avec le paysage naturel.

Temple Wuzu à Huangmei

 Dongshan dans le comté de Huangmei

Le Temple Wuzu, aussi appelé Temple Dongshan, est situé à la montagne Dongshan à Huangmei. Il fut établi par Hongren, le cinquième patriarche chinois de l'école bouddhiste Chan, en 5ᵉ année de l'ère Yonghui sous la dynastie des Tang (en 654), pour enseigner le bouddhisme Chan. C'est aussi l'endroit où Hongren remit à Huineng bien avant sa mort le bol et la robe. Né dans une famille Zhou de Huangmei au Hubei, Hongren entra à sept ans au monastère et fut successeur de Daoxin à l'âge de vingt et un ans dans le Temple Sizu. Après, il propagea le Dharma dans le Temple Dongshan. Il hérita du mode de vie « de pratiquer le Chan dans les champs » créé par Daoxin, intégra davantage la pensée du Mahayana Prajna à la philosophie traditionnelle chinoise, en particulier les pensées de Laozi et Zhuangzi, développa grandement l'école bouddhiste Chan à la chinoise. Le cinquième patriarche Hongren ait de nombreux disciples, parmi lesquels le maître Shenxiu et le sixième patriarche Huineng sont les plus célèbres.

Après le décès du cinquième patriarche, Huineng fuit dans le sud de la Chine et Shenxiu vint au nord. Le style de la pratique contemplative de Shenxiu est souvent qualifié de gradualiste, en opposition avec celui de son condisciple Huineng qualifié de subitiste. Huineng est traditionnellement considéré comme le fondateur du « Chan du sud » tandis que Shenxiu, le fondateur du « Chan du nord ». Le Chan du nord déclina progressivement, tandis que le Chan du sud devint de plus en plus prospère. Des enseignements du Chan du nord descendirent les cinq écoles principales du bouddhisme Chan, soit l'école Linji, l'école Caodong, l'école Weiyang, l'école Yunmen et l'école Fayan. Puis, l'école Linji fut divisée en deux branches, soit Huanglong et Yangqi. Les cinq écoles principales et les deux braches furent appelées ensemble « les cinq maisons et les deux branches du Chan ». Le Temple Wuzu s'appelait à l'origine le Temple Fayu. Sous la dynastie des Tang, l'empereur Xuanzong le nomma le grand Temple Dongshan. Sous la dynastie des Song, l'empereur Zhenzong donna le nom « Temple Chan Zhenhui », l'empereur Yingzong écrivit la « maison ancestrale du monde », le livre royal de l'empereur Huizong écrivit le « grand temple Chan du monde ». L'empereur Wenzong de la dynastie des Yuan offrit le nom « Temple Wuzu à la montagne Dongshan », Ainsi, le nom du Temple Wuzu est toujours utilisé de nos jours. Depuis la dynastie des Tang, le Temple Wuzu est célèbre dans le monde entier, comme le dit le poète Pei Du dans son poème : « Où va le monde supérieur ? Le ciel à l'ouest se déplace ici ». Pendant la période Zhenzong de la dynastie des Song, le Temple Wuzu comptait plus de 900 salles et chambres et abritait plus de 1 000 moines.

Le Temple Wuzu est construit le long de la montagne Dongshan avec une ancienne route composée de pins et des pavillons cachés dans les arbres. Il existe une sorte de poésie qu'un chemin sinueux mène à une salle Chan isolée avec des fleurs et des arbres profonds. Le complexe du temple s'étend sur 5 kilomètres depuis

32-1 Le portail du Temple Wuzu

la porte Yitian et la Pagode du Bouddha Sakyamuni au pied de la montagne jusqu'au sommet du pic Bailian la montagne Dongshan. Derrière le portail, les quatre salles principales alignées, soit la salle des quatre rois célestes, la salle Mahavira, la salle Vairocana et la salle Zhenshen, suivent l'axe central. Derrière la salle Zhenshen se trouve la porte Tongtian. Le chemin de pierre à l'extérieur de la porte mène à la pagode de pierre du maître Chan Daman, puis au pic Bailian, le sommet principal de la montagne Dongshan. À l'extérieur du portail, il y a des forêts de pagodes à l'est et à l'ouest dont plus de dix pagodes en pierre ont été construites sous la dynastie des Song. Devant le temple se trouvent la Pagode du Bouddha Sakyamuni, la Pagode Shifang et le pont Feihong. Aux deux côtés du pont Feihong, il y a des portails d'arcades. Les architraves sont couvertes de motifs sculptés de Qilin et de fleurs de lotus et des plaques de pierre « Laisser tomber » et « Ne pas manquer » sont gravées sur les linteaux.

Parmi les quatre salles principales, la salle des quatre rois célestes et la salle Mahavira ont été reconstruites ces dernières années. La salle Vairocana fut construite au milieu de la dynastie des Tang (847-859). Puisque la salle Vairocana existante a été construite grâce aux dons des pèlerins de Macheng, elle est également appelée la salle Macheng. Après la réparation en 1985, il a été rebaptisé salle Vairocana. La salle Vairocana est construite en briques et bois avec un toit à pignon affleurant. À gauche de la salle Vairocana se trouve la salle Guanyin et à droite se trouve la salle Shengmu.

La salle Zhenshen, également appelée la salle du patriarche, est le bâtiment principal du temple, dédié au corps du cinquième patriarche Hongren. La salle Zhenshen fut construite en 5e année de l'ère Xianheng sous la dynastie des Tang (en 674) et reconstruite et déplacée vers le site actuel en 2e année de l'ère Yuanyou sous la dynastie des Song du Nord (en 1087). La salle est splendide et magnifique. À l'avant de la salle se trouvent le pavillon de cloche à gauche et le pavillon de tambour à droite. Les deux piliers devant la porte sont décorés de dragons dorés, les architraves sont sculptées de motifs de deux dragons jouant avec une perle, le toit est couvert de motif de neuf dragons et les deux côtés sont en briques sculptées. Au centre de l'arrière de la salle se trouve la Pagode Fayu, qui contenait à l'origine le corps du cinquième patriarche. Des centaines de petites statues de Bouddha en pierre sont placées autour du mur de la pagode. Les marches au dos du temple conduisent jusqu'à la pagode de pierre du maître Chan Daman. En forme d'un bol inversé, la pagode octogonale à cinq étages mesure environ 5 mètres de haut, et se dresse sur la base d'un bâtiment de style bouddhiste. Plus haut se trouvent la terrasse du sermon et la grotte de propagation du Dharma. La terrasse du sermon est faite de pierre taillée de grès. Face au sud et adossée à la montagne, la terrasse du sermon est l'endroit où le cinquième patriarche propagea le Dharma. À l'ouest de la terrasse du sermon, il y a une falaise et la grotte de propagation du Dharma se trouve à l'est. Une légende illustre que le cinquième patriarche remit à Huineng, le sixième patriarche, le bol et la robe dans cette grotte. Derrière la terrasse du sermon, il y a un étang de lotus blanc, où le cinquième patriarche planta autrefois le lotus blanc de sa propre main. Après les dynasties des Ming et Qing, l'eau de l'étang s'épuisa et les lotus blancs disparurent. Jusqu'en 1978, lorsque les gens draguaient l'étang de lotus, quelques graines de lotus anciennes ont été trouvées dans l'étang. Les gens ont enlevé la peau des graines de lotus et les ont plantées dans l'étang. Étonnamment, les lotus blancs renaissent l'année suivante. Maintenant dans l'étang, les feuilles vertes sont denses comme des chapeaux et les lotus blancs épanouis dégagent un léger parfum.

32-2 La salle des quatre rois célestes

32-3 La salle Mahavira,

 Le Temple Wuzu est célèbre pour la remise du bol et de la rode du cinquième patriarche Hongren au sixième patriarche Huineng. Dans ses dernières années, Hongren ordonna à tous les moines de faire des vers afin d'observer leurs opinions. Shenxiu, moine érudit et assistant du patriarche, donna un poème en exemple pour exposer son point de vue gradualiste.

 Mon corps est l'arbre de l'éveil,
Mon esprit est comme un clair miroir.
De tout temps, je m'efforce de l'essuyer
Pour qu'il ne soit pas couvert de poussière.

 Le poème exprime la perspicacité de Shenxiu que sur le corps-acte et l'esprit-pensée, beaucoup de travail doit être fait au cours de la pratique bouddhiste.
 À ce moment-là, moins d'un an après son arrivée dans le temple, Huineng, illettré, entendit ce poème dans la cuisine. Puis il demanda à un moine de lui écrire un poème et de le mettre au mur :

L'éveil n'est pas un arbre,
Il n'y a pas non plus de miroir.
Foncièrement aucune chose n'existe,
Où y aurait-il de la poussière ?

L'expression de Huineng est en parfaite conformité avec la métaphysique Chan. Ayant vu cela, Hongren, le cinquième patriarche du Chan resta impassible, mais il convoqua Huineng dans la nuit pour lui transmettre secrètement sa robe et son bol, et puis lui demanda de fuir vers le sud à cause des jalousies. Huineng fuit dans le sud de la Chine et se cache pendant plusieurs années. Après la mort de Hongren, lorsque la querelle sur le successeur du cinquième patriarche s'apaisa, il commença à propager son enseignement.

Comme Shenxiu ne réussit pas à devenir successeur, il quitta le Temple Wuzu et fut chargé sur ordre impérial de porter l'enseignement de Dongshan au Temple Yuquan. Puis, il fut appelé à Luoyang par Wu Zetian qui le reçut avec le plus grand respect et le nomma Patriarche national. Shenxiu jouit de la faveur impériale,

32-4 La salle Vairocana

32-5　La salle Zhenshen

« Maître des deux capitales (Chang'an et Luoyang) et de trois empereurs (Wu Zetian, l'empereur Zhongzong et l'empereur Ruizong) ». Depuis lors, le courant Chan fut divisé en Chan du Sud et Chan du Nord. L'école Dongshan fut fondée par le quatrième patriarche Daoxin et complétée par le cinquième patriarche Hongren.

Selon l'école Dongshan, les écritures et la pratique bouddhiste sont des méthodes acceptables pour les pratiquants ordinaires. Cette méthode est appliquée par l'école « Chan du Nord » dont le fondateur est Shenxiu, un fidèle successeur de l'école Dongshan. Le sixième patriarche n'hérita pas de cette méthode. La doctrine de l'école « Chan du Sud » consiste à rompre avec toutes les écritures et les soutras et à restituer la vraie nature du bouddhisme Chan. C'est la responsabilité du sixième patriarche, et c'est aussi la raison pour laquelle le cinquième patriarche choisit Huineng pour son successeur officiel.

荆楚历史建筑掠影（法文版）
Un aperçu des bâtiments historiques de Jingchu (version française)

32-6　Le Temple Wuzu (vue panoramique)

Temple Kaiyuan à Jingzhou

 Le côté nord de la porte ouest de l'ancienne ville de Jingzhou

Le Temple Kaiyuan (Temple de la nouvelle Ère) est situé au nord de l'entrée ouest des remparts de l'ancienne ville de Jingzhou. Il fut construit pendant la période Kaiyuan de la dynastie des Tang (714-741). D'après les *Annales du comté de Jiangling,* on lit « En 29ᵉ année de Kaiyuan, l'empereur Xuanzong de la dynastie des Tang a rêvé la nuit d'un géant, qui lui dit : « Je veux sortir. Construisez un temple taoïste ! » Le matin, il est arrivé que Jingzhou adressait un rapport : une statue de fer s'est érigée de la terre. Alors, l'empereur ordonna de bâtir le Temple Kaiyuan. Il fait l'objet de plusieurs restaurations sous les dynasties Song, Yuan, Ming et Qing. » Les bâtiments existants ont été principalement construits sous les dynasties Ming et Qing. Après la fondation de la République populaire de Chine, le Temple Kaiyuan a été réparé à plusieurs reprises. Depuis 1958, le musée d'histoire de Jingzhou a été progressivement fondé autour du Temple Kaiyuan.

33-1 Le Temple Kaiyuan

Le Temple Kaiyuan se déploie, du nord en sud, sur une superficie de 5000 mètres carrés. Sur l'axe central se succèdent une porte et trois palais : la porte principale, palais du Dieu de tonnerre, palais Sanqing et palais des Ancêtres, disposés en échelon. La porte principale est en bois et se compose de quatre colonnes formant trois entrées. Le toit en croupe est de tuiles vernissées vertes. Deux lions protecteurs en pierre se tiennent devant le portail. Le Palais du Dieu de tonnerre a été reconstruit en 24e année de Jiaqing sous la dynastie des Qing (en 1819). Il comprend 3 travées de largeur, mesurant 12,7 mètres et 3 travées de profondeur, mesurant 9,25 mètres. Le toit à pignon présente deux versants. Sur les poutres sont sculptés des motifs tels que « luth, échecs, calligraphie et peinture » et « deux dragons jouant des perles ». Le Palais Sanqing est bâti sur une plateforme d'un mètre de hauteur. Il comporte 5 travées en largeur, mesurant 21 mètres et 3 travées en profondeur, mesurant 13,6 mètres, et fait 9 mètres en hauteur. Il est à toit en demi-croupe avec un simple avant-toit, les poutres et les autres composants sont tous de style architectural de la dynastie des Ming. Plus loin, c'est le Palais des Ancêtres. Il s'érige sur la plateforme à l'extrémité nord, qui mesure 4 mètres de haut, 15,3 mètres de long et 14 mètres de large, et qui est entourée de couloirs. Du plan carré, le palais comporte 3 travées en largeur et 3 en profondeur, et mesure 8 mètres de hauteur. Il est constitué de poteaux en bois régulièrement espacés, renforcés par des poutres transversales horizontales. le toit est en demi-croupe, les doubles avant-toits incurvés présentent des têtes dragons élevant vers le haut. L'intérieur du palais est exquisement sculpté et magnifiquement peint. Le plafond impressionne avec les figures vivantes des dragons et des phénix. De deux côtés du palais, il y a deux édifices latéraux, surnommés « maisons d'oreille », car ils ressemblent de par leur agencement à deux oreilles sur une tête. Entre les deux maisons d'oreille se trouve la porte céleste. Il s'agit d'un bâtiment en brique et en pierre, une entrée semi-circulaire s'ouvre au milieu. Le toit en croupe est décoré de dragon, tellement vivant qu'on croit qu'il va voler sur le ciel.

Tour du Cyprès à Macheng

 Montagne Jiulong, bourg de Yanjiahe, ville de Macheng

La Tour du Cyprès est située sur le Mont Jiulong (Mont de 9 dragons), au bourg Yanjiahe, dans la ville de Macheng, province du Hubei. Elle fut construite par le maître Xuying en 4e année Jianzhong de l'empereur Dezong sous la dynastie des Tang (en 783). Selon les *Annales du comté de Macheng,* au cours de la quatrième année sous le règne de l'empereur Dezong de la dynastie des Tang, le maître Xuying construisit une tour à neuf étages, et la recouvrit d'un wok en fer. Dans le wok naquit un cyprès. Le jour du commencement de l'automne, la tour n'avait pas d'ombre à midi. Le cyprès pousse au sommet de la tour, d'où la tour tire son nom. Le jour du commencement de l'automne, la tour ne projette pas d'ombre sur tous les côtés. Ce spectacle rare attire d'innombrables visiteurs curieux et est transmis de bouche à oreille sous la légende « Baizi Qiuyin » (l'ombre de l'automne de la tour du cyprès). A environ 50 mètres au sud de la tour, il y a un temple nommé Jiulong (temple de 9 dragons), et des moines y gardent de près la tour.

La Tour du Cyprès est en brique. Elle se présente, grosso modo, sous la forme d'un hexagone de 5 mètres de longueur. À l'origine elle comptait neuf étages. Lors de la guerre d'invasion, l'armée japonaise a détruit les deux derniers étages. Les 7 existants mesurent 34,7 mètres. Du côté sud du rez-de-chaussée, il y a une porte cintrée. Après l'entrée, un escalier en spirale se tient tout au milieu de la tour et monte jusqu'au quatrième étage, alors qu'au-dessus du quatrième, l'escalier, toujours en spirale, longe le mur pour atteindre le sommet de la tour. Les portes s'ouvrent sur différents côtés : les rez-de-chaussée, premier, deuxième et septième étages ont des portes au nord-est et au sud-ouest, les deuxième et quatrième étages ont des portes au sud, le quatrième étage a des portes au sud-ouest et au nord, tandis que le cinquième étage a une porte au nord-ouest. De fausses portes et fenêtres sont installées sur les autres côtés de tous les étages. Le corps se rétrécit progressivement de bas en haut, et le contour général est un cône hexagonal régulier. Les portes et fenêtres sont finement sculptées.

Le Mont Jiulong est composé de grès rouge et est la plus haute colline de la région. Il s'étend à 4 directions à partir du rocher central, comme neuf dragons géants tournent autour. La Tour du Cyprès se dresse sur le rocher plat au centre. Au sommet de la tour, vous pouvez avoir une vue panoramique sur le terrain vallonné. L'emplacement de la tour est le site de la bataille historique de Boju entre Chu et Wu au cours de la période du printemps et de l'automne. En 4e année du règne de Lu Ding (506 av. J.-C.), les généraux Sun Wu et Wu Zixu menèrent l'armée Wu pour vaincre l'armée Chu. De plus, Li Zhi, un célèbre penseur de la dynastie des Ming, donna des conférences ici pendant plus de dix ans.

34-1 La Tour du Cyprès (vue lointaine)

Tour du Cyprès à Macheng

34-2 La Tour du Cyprès (gros plan)

34-3 La Tour du Cyprès
(façade latérale)

Bâtiments antiques des Monts du Phénix à Zigui

 À l'est de la ville de Maoping, comté de Zigui

Les bâtiments antiques des Monts du Phénix sont situés à l'est de la ville de Maoping du comté de Zigui. En raison de la construction du barrage des Trois Gorges, de nombreux bâtiments antiques de Zigui ont été déplacés ici, parmi lesquels les plus célèbres sont les Temples de Quyuan et Jiangdu. Le site original du Temple de Quyuan est situé à Qutuo, 5 lis à l'est de la ville de Guizhou, canton de Zigui. Il fut construit en 5e année du règne de Yuanhe sous la dynastie des Tang (en 820) et fut construit par le gouverneur du Guizhou Wang Maoyuan. En 3e année du règne de Yuanfeng sous la dynastie des Song (en 1080), l'empereur Shenzong nomma Qu Yuan Qing Lie Gong pour construire le Temple Qing Lie Gong sur la base du temple d'origine. En 1ère année du règne de Taiding sous la dynastie des Yuan (en 1324), en 4e année du règne de Zhizheng sous la dynastie des Yuan (en 1344), en 25e année du règne de Wanli sous la dynastie des Ming (en 1597), en 8e année du règne de Kangxi (en 1669), en 11e année du règne de Yongzheng (en 1733), en 46e année du règne de Qianlong (en 1781), en 25e année du règne de Jiaqing (en 1820), le gouvernement la répara. Après la fondation de la République populaire de Chine, il a été réparé en 1963 et 1965. Plus tard, en raison des travaux hydrauliques Gezhouba et ceux de Barrage des Trois Gorges, le temple de Quyuan a été déplacé et construit dans la banlieue est de Zigui et la montagne Phénix de Zigui. Il fait maintenant partie de l'ancien complexe de bâtiments des Monts du Phénix de Zigui.

Le plan du temple de Quyuan est divisé en trois parts, avec des cours carrées des deux côtés, et la porte principale, le Temple de Quyuan et la grande salle successivement sur l'axe central. La porte principale est en toit en croupe et à pignon d'Asie de l'Est, à deux étages à double avant-toit, avec un paifang érigé devant elle, avec des piliers rouges et des murs blancs, six piliers et cinq travées. La

Bâtiments antiques des Monts du Phénix à Zigui

35-1 La porte principale du Temple de Quyuan

35-2 Le Temple de Quyuan (derrière)

荆楚历史建筑掠影（法文版）
Un aperçu des bâtiments historiques de Jingchu (version française)

35-4　Le paifang de La ville natale de Qu Yuan (derrière)

35-3　Le paifang de La ville natale de Qu Yuan (façade)

35-5　Le Tombeau de Quyuan

Bâtiments antiques des Monts du Phénix à Zigui

35-6 Le Temple Jiangdu

35-7 L'ancienne maison d'habitants

35-8 Les bâtiments antiques des Monts du Phénix (vue de dessus)

hauteur totale est d'environ 20 mètres, avec un double avant-toit en toit en croupe et à pignon d'Asie de l'Est, une surface de tuiles vernissé vert, une arête d'angle de toit décorée de poissons à tête de dragon, un dragon de curling, un dragon d'herbe et le centre de la crête décoré de vases de richesse. La plaque de pierre du « Temple Quyuan » est incrustée dans la partie médiane et supérieure du pailou, et il y a une paire de piliers en pierre décorés de dragons s'enroulant à gauche et à droite. Les plaques de pierre « Guzhong » et « Liufang » ont été suspendues entre les deux pièces latérales, et l'architrave a été décorée d'une peinture rouge et bleue de dragon et de phénix. Après être entré dans la porte des monts, au deuxième massif se trouve le temple Qu yuan nouvellement construit, avec un avant-toit unique en toit en croupe et à pignon d'Asie de l'Est. Sur les trois massifs suivants se trouve la grande salle du Temple Quyuan nouvellement construite, avec un double avant-toit en toit en croupe et à pignon d'Asie de l'Est. Les deux sont en béton armé, avec des cadres de levage de poutres et des couloirs autour d'eux. Le paifang de La ville natale de Qu Yuan a également été déplacé ici. Il était à l'origine situé à l'extérieur de la porte Yinghe, ville de Guizhou, comté de Zigui, et fut construit en 10e année du règne de Guangxu sous la dynastie des Qing (en 1884). Le paifang a quatre piliers et trois travées avec une structure en bois à double avant-toit. Il y a des plaques à quatre caractères « Qu Yuan gu li », deux stèles de pierre géantes se tiennent côte à côte sur le côté droit : l'une s'écrit « le pays natal du docteur Chu, Qu Yuan », l'autre s'écrit « le pays natal de Hanzhaojun Wang qiang ».

Le Temple Jiangdu, également connu sous le nom de Temple Yangsi, fut construit sous la dynastie des Song du Nord. Il fut construit par les anciens pour adorer le dieu Jiangdu et protéger la sécurité des navires. Le Temple Jiangdu était à l'origine situé dans le village de Guilin, ville de Quyuan, comté de Zigui, et fut ensuite déplacé à la Colline Fenghuang en raison du projet des Trois Gorges. Il fait maintenant partie de l'ancien complexe de bâtiments de Montagne Fenghuang. Le temple Jiangdu a une structure en brique et en bois et fait face au sud et au nord. La disposition est dans un style de cour avec un hall principal, des pièces d'aile, des pièces latérales, des patios, des ponts couverts et des halls principaux. Le bâtiment principal est en toit à pigeon affleurant avec un petit toit de tuiles cyan. La grande salle est large de trois travées et la pièce lumineuse est un passage menant à la cour. Au fond de la cour se trouve le hall principal avec trois travées de large. Il y a des chambres de l'aile des deux côtés de la cour, et les chambres latérales ont un tour avec un pont couvert à l'extérieur. Le patio est pavé de pierre cyan et le hall qui entoure le patio mesure 3 mètres de haut.

Zigui est le pays natal du grand poète patriotique Qu Yuan à l'époque des Royaumes combattants. Qu Yuan (vers 340 avant J.-C. à 280 avant J.-C.) naquit à Zigui Leping. Lors du règne du roi huai de Chu, il était zuotu, le roi huai lui fit confiance. Il participa à l'élaboration des décrets, préconisa des réformes politiques internes et rejoint des forces avec le monde extérieur pour lutter contre Qin. Plus tard, il fut inculpé par des courtisans de confiance du roi huai, et éloigné par le roi huai. Lors du règne du roi Qingxiang de Chu, il fut exilé dans la région de Jiangnan. Pendant son exil, il écrivit un grand nombre d'ouvrages tels que *Lisao*, *Neuf chapitres*, *Interrogation posée au Ciel*, *Neuf chants* etc., qui provoquèrent un grand impact. Après que Chu a été occupé par Qin, Qu Yuan fut rempli de chagrin et d'indignation, et il se jeta dans la rivière Miluo pour se sacrifier pour sa patrie. La légende raconta qu'après que Qu Yuan se suicida dans la rivière, sa sœur aînée Nüxu se précipita vers la rivière Miluo pour pêcher son cadavre et l'escorter jusqu'à son pays natal. Les compatriotes furent très émus et changèrent le nom du comté en « Zigui »(姊归)(姊 la sœur, 归 retourner), qui a progressivement évolué en « Zigui »(秭归).

Temple Huangling à Yichang

 Le pied sud du rocher Huangniuyan au milieu des gorges de Xiling du fleuve Yangtze

Situé au pied sud du rocher Huangniu (taureau jaune) dans les gorges Xiling du Fleuve Yangtsé, le Temple Huangling est l'un des plus grands et des plus anciens temples de la région des Trois Gorges. Il s'appelait à l'origine le Temple Huangniu et fut construit pour commémorer Yu le Grand (un grand homme qui contrôlait les inondations) pendant la période des Printemps et Automnes. À l'époque des Trois Royaumes, en voyant les ruines de l'ancien tempel, Zhuge Liang (un célèbre stratège de la période des Trois Royaumes) ordonna sa reconstruction et écrivit le *Poème du Temple Huangniu*. Sous la dynastie des Song, Ouyang Xiu, chef du comté de Yiling, changea le nom en Temple Huangling, dédié à l'empereur Yu. Le temple fut détruit et reconstruit plusieurs fois. Les bâtiments principaux existants furent principalement construits en 46e année de l'ère Wanli sous la dynastie des Ming (en 1618) et en 12e année du règne de Guangxu sous la dynastie des Qing (en 1886).

Le Temple Huangling de forme rectangulaire fait face au nord. Sur l'axe principal, il y a la porte principale, le pavillon du théâtre, la salle de l'empereur Yu et la salle des fondateurs (ruines). Sur le côté gauche, il y a le Temple du marquis de Wu et le Palais de la longévité. La porte principale fut construite sous la dynastie des Ming, détruite par les inondations en 1870 et reconstruite en 12e année de l'ère Guangxu sous la dynastie des Qing (en 1886). Construite en brique et en bois, la porte principale est un paifang de trois étages soutenus par quatre piliers, avec un toit à pignon affleurant couvert de tuiles grises. Sur la plaque verticale au milieu de la partie supérieure du linteau, sont inscrits quatre caractères dorés « Temple ancien Huangling ». Sur les architraves, il y a des sculptures en pierre creuse qui représentent les huit immortels célébrant l'anniversaire, deux dragons jouant avec un ballon, deux phénix volant vers le soleil, etc. Sur les côtés gauche et droit de la porte, il y a deux sculptures en pierre d'un animal divin censé pouvoir contrôler

36-1 Le portail du Temple Huangling à Yichang

des inondations. Les deux sculptures mesurent 3 mètres de haut. Les marches en pierre au milieu mènent à la rivière. Les dix-huit marches dans la partie inférieure signifient les dix-huit couches d'enfer, et les trente-trois marches dans la partie supérieure signifie les trente-trois cieux. Le pavillon du théâtre est relié à l'arrière de la porte principale, avec le toit en demi-croupe. La salle de l'empereur Yu est le bâtiment principal du temple. Il fut reconstruit en 46ᵉ année de l'ère Wanli sous la dynastie des Ming (en 1618), puis reconstruit sous le règne des Yongzheng et Qianlong et en 17ᵉ année de l'ère Guangxu sous la dynastie des Qing (en 1891). La salle principale de forme carrée comporte 5 travées en largeur, mesurant 18 mètres et 5 travées en profondeur, mesurant 16 mètres, et fait plus de 15 mètres en hauteur avec un double-toit en demi-croupe couvert de tuiles jaune vernissé. Il y a deux plaques suspendues sous l'avant-toit : l'une est une plaque dorée intitulée « Xuangong Wangu » (玄功万古) écrite par Zhu Changrun, le marquis Wei, en 14ᵉ année du règne de Chongzhen sous la dynastie des Ming (en 1641), et la plaque est entourée de reliefs de deux dragons et de perles ; l'autre est une plaque intitulée « Diding Jianglan » (砥定江澜) écrite par la princesse Qige de la famille royale, en 14ᵉ année du règne de Qianlong dans la dynastie des Qing (en 1749). Il y a 36 piliers en nanmu dans la salle. Au milieu, la statue de l'empereur Yu mesure 6 mètres de haut, avec de grands piliers de dragons enroulés des deux côtés. Le Temple du marquis de Wu est situé sur le côté ouest de la salle Yuwang. Il fut construit sous la dynastie des Tang pour commémorer les mérites de Zhuge Liang

36-2 La salle de l'empereur Yu

dans la reconstruction du Temple Huangling. Il fut détruit par les inondations en 1870. Le Temple du marquis de Wu actuel fut reconstruit en 12ᵉ année du règne de Guangxu sous la dynastie des Qing (en 1886). En briques et en bois, le Temple du marquis de Wu comprend 3 travées et le toit à pignon affleurant est couvert des tuiles grises. Les portes et les fenêtres sont installées sur le mur de devant et une plaque intitulée « Yunxiao Yiyu » est accrochée sur l'avant-toit. Dans le Temple Huangling, Il existe des stèles en pierre précieuses sur lesquelles sont inscrits des poèmes célèbres. De nombreux poètes et écrivains tels que Zhuge Liang, Li Daoyuan, Li Bai, Du Fu, Bai Juyi, Ouyang Xiu, Su Shi, Huang Tingjian, Lu You, Zhang Penghui, Zhang Wentao, Wang Shizhen et Li Ba y ont laissé de centaines poèmes.

Dans la légende *la Crue des hautes eaux*, lorsque Yu le Grand exploitait les eaux de la région des Trois Gorges, il fut bloqué par des montagnes. Après neuf ans d'efforts, il n'arriva toujours pas à draguer les fleuves. Alors, le dieu Saturne (Zhenxing 镇星) descendit du ciel et se transforma en un taureau sacré pour l'aider. Il utilisa ses cornes pour fendre et abattre les montagnes. Après avoir accompli son travail, il se transforma en rocher. Pour commémorer le taureau sacré, les habitants lui dédièrent un temple appelé Temple Huangniu. Dans la région des Trois Gorges, de nombreux endroits portent le nom du taureau jaune. En plus du Temple Huangling, il y a le rocher Huangniu, la gorge Huangniu, la plage Huangniu, la petite baie Huangniu et le village Huangniu. À ce jour, il existe encore une coutume locale pour commémorer l'ascension du taureau jaune. Ce sont tous de précieux témoignages du culte du taureau en Chine.

Pagode Wenfeng à Zhongxiang

 Longshan , bourg de Yingzhong, ville de Zhongxiang

La Pagode Wenfeng, anciennement connue sous le nom de Pagode du Moine éminent au lait blanc, est située sur la montagne Longshan dans la ville de Yingzhong à Zhongxiang. Elle fait face au lac Jingyue et s'adosse à la ville antique avec le palais Yuanyou à l'ouest et les montagnes à l'est.

Cette tour fut construite en 1ère année de l'ère Guangming sous la dynastie des Tang (en 880). Après avoir été détruite, elle fut reconstruite en 23e année de l'ère Hongwu sous la dynastie des Ming (en 1390). Puisque la pagode est mince et droite comme un pinceau, elle est également appelée Pagode Wenfeng (en caractère *feng* 峰 : le sommet) . Sous la dynastie des Ming, les fonctionnaires et les érudits ont changé le nom en Pagode Wenfeng (en caractère 文风 : le style de l'écriture) priant pour que Zhongxiang ait une bonne atmosphère d'étude et les hommes de talent surgissent en foule.

La Pagode Wenfeng est une tour de maçonnerie solide en forme de cône. Elle mesure environ 22 mètres de haut, blanche comme neige, mince et belle. Il est composé du palais souterrain, du socle, du corps, des anneaux alternés, du dais et de la flèche. Le socle de la pagode est octogonal, avec le corps en forme d'un bol renversé. Sur le côté sud de la tour, il y a un niche de Bouddha. Il y a vingt et un anneaux dessus, les anneaux se rétrécissent successivement du bas en haut, et sous chaque anneau il y a une décoration en brique semblable à un dougong. Les dais sont des disques de cuivre à trois niveaux avec des sonnettes à vent suspendues autour du disque. La flèche est en bronze, avec trois caractères « yuan » embarqués sur le sommet.

Selon les *Annales du district de Zhongxiang*, pendant le soulèvement de Huang Chao à la fin de la dynastie des Tang, l'abbé du Temple Maitreya (plus tard le Temple Longshan Baoen) a été tué par erreur et du sang de couleur blanc laiteux coulait. Huang Chao a été surpris. Après l'avoir entendu, les habitants se sont sentis impressionnés par le moine mort, alors ils ont construit une pagode pour lui et l'ont appelée la pagode du Moine éminent au lait blanc. Cette pagode s'est élevée et s'est effondrée plusieurs fois. Pendant la période Hongwu de la dynastie des Ming, les responsables de Zhongxiang ont reconstruit la pagode en changeant le Temple Maitreya en Temple Baoen.

Le processus de reconstruction a été enregistré, ainsi que les objets sacrés cachés dans le palais souterrain : « une ancienne statue de Bouddha, deux reliques du Pratyekabuddha, vingt reliques du maître Baida et un os spirituel du maître Bifeng. »

37-1　La Pagode Wenfeng

Falaises rouges de Su Dongpo à Huangzhou

 Au nord-ouest du district de Huangzhou, ville de Huanggang

Les Falaises rouges de Su Dongpo à Huangzhou, parfois appelées les Falaises rouges littéraires, sont situées au nord-ouest de la ville de Huangzhou. Comme les falaises de la face nord sont aussi abruptes que des murs et que la couleur est rouge, elles s'appellent les murs rouges (Chibi). Pendant les premières années de la dynastie des Jin de l'Ouest, le général Longxiang Kuaien construisit le Pavillon Hengjiang sur la Colline Chibi. Au début de la dynastie des Song du Nord, il y avait des bâtiments célèbres tels que le Pavillon Yuebo, le Pavillon Qixia, le Pavillon Hanhui et le Pavillon de bambou. Au cours de la 3ᵉ année de l'ère Yuanfeng sous la dynastie des Song du Nord (en 1080), le célèbre écrivain Su Shi, qui vécut à Huangzhou et y voyagea souvent, écrivit deux poèmes en prose (ou fu) aux Falaises rouges et un poème dans la forme de chansons *Nian Nujiao : Nostalgie à la Colline Chibi*. Ces poèmes rendirent les Falaises rouges de Su Dongpo célèbre dans le monde entier. Lorsque les Falaises rouges furent reconstruites pendant la période Kangxi de la dynastie des Qing, Guo Chaozuo, le préfet de Huangzhou, les rebaptisa en colline Falaises rouges de Su Dongpo. Depuis la dynastie des Song, les Falaises rouges de Su Dongpo furent détruites dans les guerres et reconstruites plusieurs fois. Les

38-1 L'ancienne porte des Falaises rouges de Su Dongpo à Huangzhou

38-2　Le Pavillon Erfu

38-3　Le Pavillon Xinjiang

Falaises rouges de Su Dongpo existantes furent reconstruites en 7e année du règne de Tongzhi sous la dynastie des Qing (en 1868).

  Les bâtiments anciens sur les Falaises rouges sont de forme quadrilatère et irrégulière. Ils sont incrustés sur les falaises selon le relief varié, formant un paysage fascinant. Les bâtiments principaux comprennent le Pavillon Qiankun, le Pavillon Erfu, le Pavillon Yinjiang, le Pavillon Poxian, le Pavillon Shuixian, le Pavillon Fanggui, le Pavillon Liuxian, le Pavillon de stèles des Falaises rouges de Su Dongpo, le Pavillon Qixia, le Pavillon Hanhui, etc. Le Pavillon Erfu est nommé d'après les deux poèmes en prose (ou fu) aux Falaises rouges de Su Dongpo. Il s'agit d'un bâtiment central des Falaises rouges. Il fut construit pendant la période Kangxi sous la dynastie des Qing et reconstruit en 7e année du règne de Tongzhi (en 1868). Face au sud, il comporte 3 travées en largeur, mesurant 11 mètres et 3 travées en profondeur, mesurant 11 mètres, et fait 16 mètres en hauteur. En brique et bois, il s'agit d'une structure de poutres de levage, le toit à pignon affleurant est couvert de tuiles bleues. La plaque « Erfu tang » fut inscrite par Li Hongzhang. Un paravent en bois de 3 mètres de haut divise l'espace intérieur en deux pièces. Sur le devant du paravent est gravé le *Premier fu aux Falaises rouges* en écriture régulière de la calligraphie chinoise de Cheng Zhizhen, lettré de la dynastie des Qing, et à l'envers est gravé le *Deuxième fu aux Falaises rouges* en style Wei du calligraphe moderne

Li Kaixian. De nombreuses gravures sur pierre des calligraphes tels que Yang Shoujing, Xu Shichang sont également conservées dans le pavillon. Du côté sud-ouest du Pavillon Erfu, se trouve le Pavillon Hejiang.

Le Pavillon Xinjiang, parfois appelé le Pavillon Yushu, fut construit sous la dynastie des Song et reconstruit en 7e année du règne de Tongzhi sous la dynastie des Qing (en 1868). Le pavillon a une largeur de 5,4 mètres et une profondeur de 4,8 mètres. En brique et bois, il s'agit d'une structure de poutres de levage, le toit à pignon et en croupe est couvert de tuiles vernissées. Il y a quatorze calligraphies et gravures sur pierre réalisées par de grands calligraphes des dynasties passées, dont la plus célèbre est le *Premier fu aux Falaises rouges* écrit par l'empereur Kangxi de la dynastie des Qing. Il s'agit d'une reproduction de la calligraphie de Zhao Mengfu de la dynastie des Yuan. Du côté ouest du Pavillon Xinjiang, se trouve le Pavillon Poxian.

Le Pavillon Poxian fut construit en 7e année du règne de Tongzhi sous la dynastie des Qing (en 1868). En brique et bois, le pavillon a une largeur de 6 mètres,

38-4 Le Pavillon Poxian

38-5 Le Pavillon Shuixian

une profondeur de 4 mètres et une hauteur de 6 mètres. Le toit à pignon et en croupe est couvert de tuiles vernissées et les avant-toits aux quatre coins sont relevés en courbes gracieuses. Vingt-six calligraphies et gravures sur pierre réalisées par de grands calligraphes des dynasties passées sont exposées sur trois murs du pavillon, y compris *Nian Nujiao : Nostalgie à la colline Chibi* et *Mantingfang : Guiqulai xi* en écriture cursive chinoise de Su Dongpo. À quelques pas vers l'ouest du Pavillon Poxian se trouve le Pavillon Shuixian.

Le Pavillon Shuixian donne sur l'eau. En brique et bois, le pavillon a une largeur de 6 mètres, une profondeur de 4 mètres et une hauteur de 6 mètres. Le toit à pignon et en croupe est couvert de tuiles vernissées. Dans le pavillon, il y a des lits et des oreillers en pierre où se reposèrent Su Dongpo et ses amis en état d'ivresse, lorsqu'ils visitèrent la Colline Chibi.

Devant le Pavillon Shuixian se trouve le Pavillon Fanggui (Pavillon de la Tortue libérée) reconstruit en 7e année du règne de Tongzhi sous la dynastie des Qing (en 1868). Le pavillon carré mesure 4 mètres de haut, la longueur des côtés est de 2 mètres. Un chatior en pyramide est supporté par quatre piliers, les avant-toits mesurent 2,5 mètres de haut. Une histoire de la libération d'une tortue est relatée dans le chapitre *Biographie de Maobao* du *Livre des Jin*. Lorsque Mao Bao, un général de la dynastie des Jin de l'Est, gardait la ville Lu, son serviteur y lâcha la tortue blanche qu'il avait achetée. Plus tard, le général était en danger et fut secouru par la tortue blanche. Afin de montrer l'idée que le bien et le mal ont leurs récompenses, les habitants ciselèrent une énorme tortue de pierre blanche au rocher de la Colline Chibi, d'où vient le nom du pavillon.

Du côté est du Pavillon Erfu se trouve le Pavillon Liuxian construit en 10e année du règne de Guangxu sous la dynastie des Qing (en 1884). Le pavillon a une largeur de 6 mètres, une profondeur de 8 mètres et une hauteur de 6,5 mètres avec un toit à pignon et en croupe. Dans le pavillon, Il y a des gravures sur pierre telles que le *Dongpo en chapeau chinois* et *le Note du Pavillon Liuxian* écrit par Yang Shoujing et *Dongpo voyage à la Colline Chibi* par Fan Yun, un peintre moderne. Sur le mur pignon du porche est incrustée une épitaphe écrite par Su Dongpo pour sa nourrice Ren Cailian.

À dix pas à l'est du Pavillon Liuxian, il y a un double pavillon. L'étage supérieur est le Pavillon Yishuang pour conserver des peintures, des calligraphies et des vestiges culturels, et l'étage inférieur est le pavillon de stèles pour exposer les gravures sur pierre de Su Dongpo. Un total de 126 gravures sur pierre sont les chefs-d'œuvre de la calligraphie de Su Dongpo qui sont rassemblés dans le recueil intitulé *Jing Su Yuan Tie*. À l'est du Pavillon Yishuang se trouve le Pavillon Hanhui.

Le Pavillon Hanhui fut construit avant la dynastie des Song et rebaptisé « Pavillon des objets de collection infinis » et « Hall Zuoxiao » sous la dynastie des Song. Le pavillon existant fut reconstruit en 1982. Il comporte 5 travées en largeur et 4 travées en profondeur. Le toit à pignon et en croupe est couvert de tuiles bleues. Autour du pavillon, il y a des porches avec des voûtes en forme d'auvent de bateau.

38-6 Le Pavillon Hanhui

38-7 Le Pavillon Qixia

38-8 Les Pavillons Fanggui, Shuixian, Poxian

Une chaise en col de cygne est posée entre les colonnes.

Adossée à la Colline Chibi et face au Fleuve Yangtsé, le Pavillon Qixia était autrefois l'un des quatre pavillons célèbres de Huangzhou sous la dynastie des Song du Nord. Le pavillon a quatre étages. Lorsque le coucher de soleil brille sur le pavillon, c'est comme s'il dormait sur les toits, c'est pourquoi on l'appelle le Pavillon Qixia. Le pavillon fut détruit à la fin de la dynastie des Song, reconstruit sous la dynastie des Ming, puis à nouveau détruit. Le pavillon actuel est reconstruit en 1984, imitant le style architectural de la dynastie des Song. Le nouveau pavillon possède trois étages avec un double toit. Sur la plaque supérieure, il y a trois caractères *Qixia Lou* écrits par Mao Dun.

38-9 Un coin du Pavillon Dongpo

38-10 Les Pavillons Qixia, Hanhui, Dongpo

Pavillon Guanyin à Ezhou

sur le rocher Longpanji, au milieu du Fleuve Yangtsé, au delà de la porte Xiaodongmen, ville d'Ezhou

Le Pavillon Guanyin (Bodhisattva Guanyin, divinité de la miséricorde) est installé au sommet d'un grand rocher de récif au milieu du Fleuve Yangtsé à Ezhou. Le rocher serpente comme un dragon, d'où son nom de Panlongshi (rocher de Dragon). Le pavillon est donc également nommé selon sa localisation, Pavillon Longpanji (Pavillon du Rocher de Dragon). Il fut construit par des Mongols en 17e année de Yuanzhi sous la dynastie des Yuan (en 1280) et fut restauré à plusieurs reprises sous différentes époques, comme en première année de Hongzhi (en 1488), 6e et 10e anneé de Jiangqing (en 1527 et 1531) sous la dynastie des Ming, en 3e année de Tongzhi (en 1864) et 30e année de Guangxu (en 1904) sous la dynastie des Qing, ainsi qu'en 21e année de la République de Chine (en 1932). Le Pavillon Guanyin est un complexe et les bâtiments existants comprennent principalement trois halls, une tour et un pavillon, respectivement connus sous le nom de Hall de Zushi, Hall de Guanyin, Hall de Laojun, Tour de Chunyang et Pavillon Guanlan. Les deux derniers furent construits en 6e année de Jiajing sous la dynastie des Ming (en 1527) et les autres furent réparés en 1954. Depuis sa création, le Pavillon Guanyin a connu les vicissitudes de l'histoire et se tient toujours debout au milieu de la rivière. Lorsque la marée arrive et recouvre les fondations, le pavillon semble flotter sur l'eau. D'innombrables lettrés et encriers ont été attirés à y venir pour écouter les vagues et chanter des vers. Ses décorations intérieures se caractérisent par un mélange d'éléments du bouddhisme, du confucianisme et du taoïsme. La fusion parfaite des 3 systèmes de croyances lui a valu la réputation du « premier pavillon du Fleuve Yangtsé sur 10000 lis », les responsables locaux y attachent une grande importance et n'ont jamais cessé les entretiens et réparations.

Le Pavillon Guanyin fait face à l'ouest, et est construit avec des pierres rouges et des briques bleues, habilement intégré au rocher sur lequel il se dresse. De plan

39-1　Le Pavillon Guanyin (façade)

39-2　Le Pavillon Guanyin (façade latérale)

rectangulaire, les trois halls sont disposés verticalement l'un après l'autre. Le Hall de Zushi (Hall du Patriarche), nommé aussi Hall de Dongfangshou constitue le hall d'entrée. Bâti en brique et en bois, il comprend 3 travées en largeur et une travée en profondeur. Le toit en demi-croupe avec simple avant-toit est couvert de tuilerie grise. On lit les 4 caractères sur la plaque « Longpan Xiaodu » (龙蟠晓渡). Au milieu du hall se trouve la statue de l'ancêtre martial Zhenwu, et le portrait de Dongfangshou est suspendu à la colonne vertébrale. Dongfangshuo était un célèbre fonctionnaire sous le règne de l'empereur Wu de la dynastie des Han. Il était vénéré comme une divinité confucéenne. Selon le folklore, il était cencé protéger le bâtiment ou la région contre les fantômes de l'eau. Derrière le Hall de Zushi est situé le Hall de Guanyin, c'est le hall central. Il comprend également 3 travées en largeur et une en profondeur. En brique et bois, il est constitué de poteaux en bois régulièrement espacés, renforcés par des poutres transversales horizontales et des poutres en porte-à-faux. Le toit de pignon affleurant est recouvert en tuilerie grise. Il y a un autel de chaque côté de la porte d'entrée. La statue sur l'autel gauche n'est plus là, et l'autel du côté droit abrite la statue de Guanyin. Il y a une niche en bois sculpté au milieu du hall, qui est dédiée au Bodhisattva Guanyin, et la plaque « tous les hommes seront sauvés » est accrochée au-dessus. Derrière le Hall de Guanyin est le Hall de Laojun, le hall arrière. Comme les deux devant, il comprend aussi 3 travées de large et une travée de long. En brique et bois, il s'agit d'une structure pareille à celle du Hall de Guanyin, le toit à pignon affleurant est de tuiles bleues

39-3　Le Pavillon Guanyin (vue lointaine)

en terre cuite. Un couloir donne accès au hall où les statues du Taishang Laojun, de l'Empereur de Jade et de la Reine-Mère d'Occident sont abritées dans une niche sculptée. La plaque avec l'inscription « Air pourpre venant de l'est » est accrochée au-dessus, et huit immortels sont sculptés sur les colonnes devant la niche. La Tour Chunyang est située derrière le Hall Guanyin et fait face à la rive sud du fleuve. Il a trois travées de large, une de profondeur. C'est un bâtiment en brique et en bois de 2 étages. Le toit pyramide présente 4 coins pointus et est recouvert en tuilerie grise. Le rez-de-chaussée sert de cuisine, tandis que le premier étage abrite la statue allongée de Lu Chunyang. Le Pavillon Guanlan est situé à l'ouest de la Tour Chunyang. De plan triangulaire, le pavillon est de taille petite mais vraiment exquis. Il est entouré de ballustrade, pour que les visiteurs s'y appuient pour admirer le fleuve qui coule à l'infini.

Le rocher Panlongji (rocher de Dragon) forme une longue courbe. Comme un navire, il soutient les pavillons décalés et reste inébranlable malgré le vent et les vagues. La légende raconte que dans les temps anciens, il y avait deux encoches sur le rocher, qui étaient les yeux géants de la « Tortue sacrée ». Ils surveillaient la rivière jour et nuit, afin que le pavillon Guanyin puisse monter et descendre avec la marée. D'ailleurs, un œil pouvait produire de l'huile et l'autre donnait du sel. Un jour, un moine avide fit une grosse entaille pour obtenir plus d'huile et de sel. Sa cupidité dévorante rendit la tortue sacrée aveugle. En conséquence, non seulement l'huile et le sel tarirent, mais aussi, disgracié, le pavillon Guanyin ne put plus monter et descendre avec la marée et souffrit de fréquents dégâts à cause de l'inondation. A côté du mur de pierre, il y a un vieil arbre. Le feuillage vert offrait de l'ombre qui couvrait le pavillon. Mais il était mort pendant de nombreuses années. Ces dernières années, de nouvelles branches ont germé et l'arbre a miraculeusement repris vie. Entre les halls de Guanyin et de Laojun il y a un ancien puits. Le puits est d'une profondeur insondable. On dirait qu'il peut conduire jusqu'à la mer. Pendant la sécheresse, on s'étonne que l'eau dans le puits se trouve à plusieurs pieds au-dessus de la surface de la rivière. Les yeux de la Tortue sacrée, le vieil arbre et l'ancien puits constituent les « Trois Intérêts » du pavillon Guanyin.

Temple Taihui à Jingzhou

 Montagne Taihui au delà de la porte ouest de la ville de Jingzhou

Le Temple Taihui est un complexe taoïste, situé sur la montagne du même nom, à l'extérieur de la porte ouest des remparts de l'ancienne ville de Jingzhou. A l'origine, ce fut un palais impérial construit par le vassal Xiangxian, au nom Zhu Bai, de la dynastie des Ming. En 26e année sous le règne de Hongwu (1393), le 12e fils de Zhu Yuanzhang fit faire des travaux pour construire un palais impérial. Lorsque la construction était sur le point d'être achevée, il fut accusé de trahison, car l'envergure et la décoration du palais dépassaient le système hiérarchique. Craignant le crime, Zhu Bai transforma le palais en temple taoïste, le nomma Temple Taihui. De plus, il fit transporter de la ville d'Anlu une statue dont le visage ressemblait beaucoup à Zhu Yuanzhang et le fit installer dans le palais d'or du temple. Depuis lors, le temple fut remanié à plusieurs reprises, en 8e année de Chongzhen sous la dynastie des Ming (en 1635), sous les règnes de Shunzhi, Kangxi et Qianlong de la dynastie des Qing. Pendant les années 60-70 du siècle dernier, les tuiles de cuivre du Palais du Patriarche ont été entièrement endommagées et la statue de bronze du patriarche a été détruite. En 2002, des palais sur l'axe est-ouest ont été reconstruits, tel que le Palais de Shengmu (Palais de la Mère sacrée), Palais de Yaowang (l'Empereur Herboriseur), celui de Wenchang (Palais de l'Empereur Wenchang, dieu responsable de la renommée et du grade), celui de Yuhuang et celui de Sanguan (trois officiels).

Le Temple Taihui est orienté au sud. Sur l'axe central se succèdent, du sud au nord, le pont Guanqiao, la porte principale, le Palais des quatre Saints, les tours de la cloche et du tambour, la porte du Pèlerinage et le Palais du Patriarche. Le portail en arcade est construit en brique et en pierre, il se compose de 4 piliers et de 3 travées. Il est plus élevé au milieu qu'aux côtés. Au milieu, le toit est en demi-croupe, tandis que des deux côtés, il s'agit du toit à pignon affleurant. 3 entrées cintrées s'ouvrent.

40-1　La porte principale du Temple Taihui

40-2　La Porte du Pèlerinage

A l'avant-toit est accrochée une plaque de pierre où sont inscrits les trois caractères « Temple Taihui » en écriture régulière. Les tours de la cloche et du tambour, la porte du Pèlerinage et le Palais du Patriarche se trouvent tous sur une plateforme,

40-3 Le Palais du Patriarche

qui est construite en pierre et mesure plus de 8 mètres de haut. 32 marches mènent sur la plateforme. Il y a des balustrades en pierre, qui sont sculptées de diverses figures, fleurs, oiseaux et animaux. Les tours de la cloche et du tambour se dressent symétriquement sur les deux côtés de la plateforme, avec avant-toit simple aux tuileries vernissées vertes. Plus loin, c'est la porte du Pèlerinage. Il s'agit d'une structure constituée de poteaux en bois, renforcés par des poutres transversales horizontales et des poutres en porte-à-faux. Elle est également composée de 3 portes cintrées, et celle au milieu est plus haute que celles des côtés. Au milieu, le toit en demi-croupe est en tuileries vernissées jaunes, tandis que des deux côtés, le toit à pignon affleurant est en tuiles grises. Le Palais du Patriarche, aussi nommé palais d'or, se trouve tout au centre de la plateforme. Le toit en demi-croupe avec doubles avant-toits est en tuileries vernissées jaunes. A l'origine, il était recouvert de tuiles de cuivre, et brillait de lumière dorée, d'où son nom « Palais au Toit d'or ». D'après la stèle en pierre incrustée sous le règne de Qianlong sur le mur gauche du palais, le palais comportait alors *1068 anciennes tuiles de cuivre et 436 nouvelles tuiles de cuivre*. En plan carré, le palais comporte 3 travées en largeur et en profondeur et est enceint de couloirs. 12 colonnes de pierre se dressent sous l'avant-toit, dont

6 colonnes, 4 à l'avant et 2 à l'arrière sont sculptées de dragon. La tête du dragon dépasse en l'air et il semble prêt à voler vers le ciel. La structure principale du palais est faite de bois nanmu, les colonnes et les poutres sont exquisement sculptées et peintes de couleurs vives. Le palais est fortifié de mur en brique le long des côtés est, ouest et nord de la plateforme. 500 officiels spirituels sont sculptés sur le mur, ils sont en postures variées et prennent différents airs. En se tenant sur la plateforme, le palais domine avec une envergure extraordinaire. On dirait que c'est l'auguste Pavillon Céleste.

En 11e année de Hongwu sous la dynastie des Ming (en 1378), Zhu Bai fut couronné comme vassal de Xiangxian, et il fut féodalisé à Jingzhou en 18e année de Hongwu (en 1385). Il était bien versé en taïsme et se donnait Zixuzi comme nom taoïste. Selon les *Annales du comté de Jiangling*, le Temple Taihui qu'il fonda comprenait 5 palais principaux et de nombreux halls accessoires. L'envergure était tant impressionnante qu'il fut accusé d'avoir violé la hiérarchie, notamment les sculptures de dragons sur les colonnes et les tuiles en cuivre doré. Zhu Bai fut soupçonné de dépassement hiérarchique, d'infidélité et fut signalé au tribunal. L'empereur Hui, nouvellement monté au trône, enquêta sur le crime. Terrifié, Zhu Bai tenta d'y remédier, mais en vain. Finalement, il fut forcé de s'immoler. Les funérailles se firent dans le Temple Taihui et le tombeau fut localisé dans la montagne Taihui. Si l'empereur Hui insista pour inculper Zhu Bai, c'est qu'il voulut mettre en œuvre son plan pour « affaiblir les royaumes vassaux ». Cela conduisit à des luttes féroces pour le pouvoir impérial, historiquement connu sous le nom « coup d'Etat de Jing Nan ». L'histoire se termina par la fuite de l'empereur Hui. Zhu Di le remplaça et commença son règne sous le nom de Yongle.

Pagode Wanshou à Jingzhou

Rocher Xiangbi sur la digue de la rivière Jingjiang, district de Sha Shi, ville de Jingzhou

La Pagode Wanshou (Pagode de la Longévité), appelée aussi Pagode Jieyin est une tour bouddhiste. Elle se trouve dans le jardin Wanshou, sur la berge nord du Fleuve Yangtsé, dans le district de Shashi, ville-préfecture de Jingzhou, province du Hubei. Elle est située sur le rocher Xiangbi (rocher de la Trompe de l'éléphant). Le rocher s'étend au milieu de la rivière jusqu'à 200 mètres et se ressemble à la trompe de l'éléphant, d'où naît son nom. Comme le Temple Guanyin y fut construit sous la dynastie des Tang, le rocher Xiangbi est également connu sous le nom de Guanyin. Sur les deux côtés du Temple Guanyin, il y avait une paire de bœufs en fer coulés en 53e année de Qianlong (1788). Après la destruction du Temple Guanyin par la guerre, un bœuf de fer fut enterré sous la berge et l'autre fut enlisé dans la rivière. Au cours de la 27e année de Jiajing sous la dynastie des Ming (1548), le prince Zhu Xian reçut l'ordre de sa mère légale, l'impératrice Mao Taifei de prier pour l'empereur Jiajing. Il entreprit donc de construire la pagode de la longévité sur le rocher Xiangbi. La construction dura 4 ans.

41-1 La pagode Wanshou à Jingzhou

Depuis les temps anciens, les digues du Fleuve Yangtsé s'effondrèrent souvent dans les sections Jiangling et Shashi, de sorte que la Pagode Wanshou fut prétendue à réprimer les montres de la rivière et sauvegarder la vie des gens. La pagode fut l'objet de plusieurs restaurations aux ères Kangxi, Qianlong, Jiaqing et Daoguang de la dynastie des Qing.

Orientée au sud, la pagode Wanshou est de plan octogonal et comporte 7 étages mesurant plus de 40 mètres. C'est un bâtiment en maçonnerie. La tour se dresse sur un socle immense en pierre, dont chaque angle est sculpté d'une statue en marbre blanc, portant la tour sur le dos. Au rez-de-chaussée, la longueur du côté est supérieure à 5 mètres et l'entrée se fait sur le côté sud avec une arche. A l'intérieur de la tour, des marches en pierre montent en spirale et aboutissent à tous les étages. Chaque étage porte 4 ouvertures cintrées, depuis lesquelles on a une vue panoramique sur l'ancienne ville et la rivière torrentielle. Le mur extérieur de la tour est incrusté de statues de Bouddha en marbre blanc, qui comptent au total près de 100. Un grand nombre de statues de Bouddha en brique sont également incrustées dans le mur intérieur. Ces statues de Bouddha sont assises ou debout, de formes

41-2 Le rez-de-chaussée de la pagode Wanshou à Jingzhou

différentes et tellement vivantes que l'on croirait les voir en chair et en os. La tour est bâtie en briques selon la proportion, et la construction est solide et stable. Tous les deux étages sont séparés par une corniche de brique en encorbellement. La proportion est coordonnée et les lignes sont fluides. Les briques carrées sont cuites de façon spécifique, avec des images et des textes dessus. On y trouve des fleurs, des statues de Bouddha en relief et des caractères mandchous, tibétains, mongols et ceux de l'ethnie Hui et Han, qui enregistrent les dons des bienveillants. On y trouve également des calligraphies de différents poètes célèbres. Le sommet en forme de calebasse est en bronze doré et y est gravé le texte intégral du canon bouddhique *le soutra du Diamant*.

Lors de la construction, la tour était au même niveau de la digue. Au fil du temps, les sédiments se déposaient, le niveau d'eau du Fleuve Yangtsé continuait de monter et la digue a dû être haussée avec. À l'heure actuelle, la pagode se trouve à plus de 7 mètres au-dessous du remblai. Afin de la protéger, le bureau de protection du patrimoine culturel a construit une enceinte en pierre et a installé des marches pour atteindre le rez-de-chaussée.

La pagode Wanshou figure sur la liste des sites historiques et culturels majeurs protégés au niveau national pour la province du Hubei. Elle n'est pas seulement un témoignage du style architectural, de l'art de la sculpture sur brique et des activités religieuses de la dynastie des Ming, mais aussi un témoignage de la lutte du peuple chinois contre les inondations pendant des centaines d'années.

Bâtiments anciens Dashuijing à Lichuan

 Village de Shuijing, bourg de Baiyang, au nord-ouest de la ville de Lichuan, à Enshi

L'ancien complexe de bâtiments Dashuijing est situé dans le village de Shuijing, dans le bourg de Baiyang, au nord-ouest de la ville de Lichuan, à Enshi. Il regroupe le Temple des ancêtres de la famille Li, le manoir de la famille Li et les vieilles maisons de Li Gaiwu, et couvre une superficie d'environ 20 000 mètres carrés. Ce sont des chefs d'oeuvres des anciens bâtiments cachés dans les montagnes. Il présente non seulement le style architectural de Diaojiaolou (maison sur pilotis) de l'éthnie Tujia, mais aussi le style folklorique de l'habitation de l'éthnie Han, et il combine également l'architecture et la décoration de style occidental. Les anciens bâtiments de Dashuijing remontent à la dynastie des Yuan et des Ming. Selon la légende, c'était à l'origine les vieilles maisons et châteaux du chef du clan Huang des Tujias. Lors de l'ère de Qianlong de la dynastie des Qing, Li Yanlong du Hunan tenta d'occuper la propriété familiale de la famille Huang. En 26e année du règne de Daoguang sous la dynastie des Qing (en 1846), le château fut converti en une salle ancestrale de la famille Li. De l'installation de Li Yanlong à Dashuijing jusqu'à la libération de Lichuan, la famille de Li prospéra avec de multiples descendants fonctionnaires et lettrés. Elle s'enrichit, s'acheta de la terre, constuisit des bâtiments, et même fabriqua des armes et forma des troupes.

La Salle ancestrale de la famille Li est située au pied nord de la montagne Luohan dans le village de Shuijing. Face au nord, elle suit le relief naturel, assiégée par les falaises escarpées. La salle des ancêtres est entourée de murs de pierre, et devant elle se trouve un mur de soutènement, d'environ 9 mètres de haut, composé d'énormes pierres de taille. À gauche, à droite et à l'arrière se trouvent des murs et des parapets en pierre, d'environ 400 mètres de long, 6 mètres de haut et 3 mètres d'épaisseur, constitués de dalles de granit pesant 1 000 livres. Le mur de pierre s'élève pas à pas suivant la configuration de la montagne, avec plus d'une

42-1 La porte principale du Manoir de Li Liangqing

centaine d'embrasure et de meurtrières, et il y a des tours de guet aux quatre coins. La salle ancestrale est un bâtiment de style palais avec une disposition symétrique sur l'axe central, avec trois rangs de bâtiments et trois cours. Sur les portes gauche, centrale et droite sont écrits « habitation en paix », « salle ancestrale de la famille Li » et « vivre en paix est le bonheur ». Les principaux bâtiments de l'axe central sont le hall d'entrée, la salle de culte et la salle ancestrale. Les trois salles de même superficie et de même forme sont toutes en briques et bois, en toit à pigeon affleurant, cinq travées de large et trois travées de profondeur, avec des avant-toits à l'avant et de la porcelaine colorée sur le mur de pignon. Les supports de poutres à trois halls sont magnifiquement sculptés de couleurs vives dorées, et les motifs d'oiseaux et quadrupèdes, de pêcheurs, de bûcherons, de cultivateurs et d'intellectuels sont comme en chair et en os. Le hall avant et le hall arrière sont respectivement reliés aux chambres latérales, avec la salle de culte au milieu et au tour de laquelle est la cour pavée de pierres taillées. La salle de culte est la salle où les règles au sein du clan sont prêchées lorsque la famille Li offre des sacrifices aux ancêtres. Les règles familiales gravées sur bois sont affichées dans la salle. Il y a deux bassins sous les murs de pignon aux deux extrémités, le gauche s'appelle

« lian (probité) quan (source ou fontaine) jin (puits) », le mot « Ren » (longanimité) est écrit au mur, et le droit s'appelle « rang (modestie) shui (eau) chi (bassin) », le mot « nai » (endurance) au mur. Le hall arrière est la salle des ancêtres et la plaque « le hall Kuishan » est suspendue sous l'avant-toit. À l'intérieur se trouve les tablettes d'ancêtres défunts de la famille Li et les statues en bois de Li Yanlong et de sa femme. En plus des trois grandes salles, il y a plus de 60 chambres latérales dans la salle ancestrale. Le côté gauche contient principalement la salle de conférence et la chambre du patriarche, et le côté droit contient principalement la chambre forte, le bureau de comptes, l'entrepôt, etc. Il y a une porte en pierre aux coins sud-ouest et nord-est du château. L'ouest est la Porte Wanghua (Porte de vie), l'est est la Porte Cheng'en (Porte de mort), il y a une falaise à l'extérieur de la porte Cheng'en, et il y a une dalle de pierre en saillie nommée le Pont de Dragon sur la falaise. Si un membre de la famille violait les disciplines internes de la famille mais était condamné à vivre, il serait emmené dans la prison par la Porte Wanghua ; s'il était condamné à mort, il serait ligoté et transporté à la Porte Cheng'en et et puis jeté du Pont de Dragon au bas de la falaise.

Le Manoir de Li, également connu sous le nom de Manoir de Li Liangqing,

42-2 Le puits du Manoir de Li Liangqing

est situé au nord de la salle des ancêtres, à environ 150 mètres. Li Liangqing est le fils de l'arrière-petit-fils de Li Yanlong. Le manoir est divisé en deux parties. Le complexe de bâtiments du côté sud-ouest était à l'origine l'ancienne maison de la famille Huang, qui fut construite sous la dynastie des Ming. La structure en bois de la maison est simple et élégante, avec des caractéristiques ethniques Tujia. Les autres parties du manoir étaient agrandies par la famille Li. La construction dure plus de deux cents ans. La structure en brique-bois de la maison est une combinaison de styles chinois et occidentaux. Le corps principal du manoir a trois cours et quatre rangs de chambres, avec 24 patios et 174 chambres, dont la plupart ont 2 ou 3 étages. La porte principale se trouve au nord-est et la plaque « Qinglian Meiyin » a été suspendue sur la porte. « Qing Lian (lotus vert) » est tiré du surnom du poète Li Bai. On peut voir que le maître de la famille chercha à tirer profit de ses liens de parenté avec Li Bai en tant qu'ancêtre pour faire honneur à sa famille et à ses ancêtres et exprime également son souhait pour que le plus grand poète les protége. Sur les côtés gauche et droite s'alignent deux bâtiments latéraux sur pilotis (dits Diaojiaolou). La cour est pavée de pierres bleues, spacieuse et propre. Une colonnade de style occidental court de gauche à droite, et les piliers carrés sont décorés de stigmates sculptés, ils sont hauts et droits, et les avant-toits des couloirs entre les colonnes sont incurvés, faisant ressortir le style européen. Les halls des trois rangs sont tous en briques-bois, font face au sud-est, s'élevant progressivement en fonction du terrain. Le tour de porte, le hall d'entrée, le hall du milieu et la salle arrière sur l'axe central sont séparés par des patios, et ils sont reliés par des couloirs sous les avant-toits, desservent toutes les directions. Le côté gauche du complexe de bâtiments est équipé d'une porte de trou de lune, qui est pleine d'intérêt de jardin ; le côté droit s'étend de haut en bas avec la topographie, pleine de changements dispersés ; l'arrière de la maison latérale est surélevé avec la configuration du terrain, et une petite cour et un bâtiment de broderie sont construits, et il y a des couloirs reliés à la cour arrière.

L'ancienne Maison de Li Gaiwu est située au nord-est du Manoir de Li. Elle fut construite de 1942 à 1948 par Li Gaiwu, un autre arrière-petit-fils de Li Yanlong. Le complexe de bâtiments s'étend d'est en ouest, avec un style de Siheyuan, il y a quatre patios, plus de 60 pièces, et une toiture de petites tuiles gris bleu. En briques et bois, il est constitué de poteaux en bois, renforcés par des poutres transversales horizontales et des poutres en porte-à-faux. L'ensemble du manoir est construit à flanc de colline et soigneusement conçu, et la technologie de la construction n'est pas inférieure à celle de la salle ancestrale de Li et du manoir de Li faisant écho de loin.

Au coin nord-est de la salle ancestrale de Li, descendez 72 marches et vous trouverez un ancien puits. L'eau du puits est douce et fraîche, et le puits ne tarit pas pendant quatre saisons. L'ancien puits est entouré d'un mur sur lequel sont gravés les mots « grand puits d'eau ». Ce puits était à l'origine à l'extérieur du mur de pierre de la salle ancestrale de Li. Au cours de la 19e année de la République de Chine (1930), He Guoxiang, général de l'armée du Sichuan, conduisit plus de mille soldats à attaquer la salle ancestrale de Li. En raison de la forte forteresse, il n'arriva pas à la prendre au bout de 3 mois. Finalement il assiégea la salle ancestrale et coupa l'eau du puits. La famille Li finit par se rendre. Plus tard, la famille Li enferma le puits dans le mur et l'intégra à la salle des ancêtres. Depuis lors, la salle ancestrale du Li était solidement protégée sans aucune brèche. L'endroit fut nommé « grand puits d'eau » pour cette raison.

42-3 Le Diaojiaolou de Tujia du Manoir de Li Liangqing